Hünengrab und Bannkreis

Voranstehende Abb.: Hünenbett mit der Grabkammer der „Visbeker Braut" in der Ahlhorner Heide. In der Heide südwestlich von Bremen liegt inmitten hoher Birken ein gewaltiges Hünenbett. Die 115 m lange Einfassung aus schweren Findlingen bewahrt die verhältnismäßig kleine Grabkammer der „Visbeker Braut". An der östlichen Schmalseite ragt ein auffallend hoher Block aus der Umrandung hervor, der sagenumwobene „Bräutigam", der hier in Stein gebannt die Totenwache hält.

Günther Kehnscherper

Hünengrab und Bannkreis

*Von der Eiszeit an –
Spuren früher Besiedlung
im Ostseegebiet*

Urania Verlag Leipzig · Jena · Berlin

Autor: Prof. Dr. habil. Günther Kehnscherper
Ernst-Moritz-Arndt-Universität Greifswald

Illustrationen: Adelhelm Dietzel, Dresden
Karten und Diagramme: Gerhard Pippig, Leipzig

Schutzumschlag: Großsteingrab an der Schwinge, Kreis Demmin, im 23. Jahrhundert v. u. Z. von den älteren Trichterbecherleuten errichtet. Im 21. und 20. Jahrhundert v. u. Z. benutzte eine Gruppe der Kugelamphorenkultur die Anlage und beseitigte dabei weitgehend Grabbeigaben und Überreste der Trichterbecherleute. Aus dem 19. und 18. Jahrhundert v. u. Z. fanden sich zwischen Decksteinen eingelassene Nachbestattungen der Streitaxt-Einzelgrabkultur.

Kehnscherper, Günther:
Hünengrab und Bannkreis : von d. Eiszeit an,
Spuren früher Besiedlung im Ostseegebiet / Günther Kehnscherper. [Ill.: Adelhelm Dietzel].
— 2. Aufl. — Leipzig ; Jena ; Berlin : Urania-Verlag, 1990. — 192 S. : 66 Ill., Kt.
ISBN 3-332-00162-0

ISBN 3-332-00162-0

2. Auflage 1990
Alle Rechte vorbehalten
© Urania-Verlag Leipzig, Jena, Berlin
Verlag für populärwissenschaftliche Literatur, Leipzig 1983
VLN 212-475   LSV 022 9
Lektor: Ewald Oetzel
Fotos: Dorothea Puttkammer (Schutzumschlag u. S. 70)
Gesamtherstellung: Karl-Marx-Werk Pößneck V 15/30
Printed in the German Democratic Republic
Best.-Nr.: 653 787 4
01600

Inhalt

Weder „Eiszeit" noch „Steinzeit"   9

Warmzeiten — Kaltzeiten — Eiszeiten: die Altsteinzeit   36

Vom Eis befreit: die Mittelsteinzeit   72

Landwirtschaft — ein Wandergewerbe: die Jungsteinzeit   92

Die Sprache der großen Steine   107

Dolmen, Ganggrab und Steinkreis   127

Medizinmänner, Zauberer und Schamanen   148

Sonne, Mond und Astronomie: die Zeit der Symbole   160

Zeittafeln   180

Quellen und weiterführende Literatur   186

Namen- und Sachwörterverzeichnis   189

Wichtige Fundstätten   191

Weder „Eiszeit" noch „Steinzeit"

Die „graue Vorzeit" war durchaus nicht grau. Jeder Tag und jede Stunde waren so farbig und lebensvoll, mit bunten Ideen und heller Freude, voll dunkler Gefahren und banger Hoffnungen wie eh und je.

Nur — wir waren eben damals nicht dabei! So hat denn wegen mangelnder Schriftquellen und aussagekräftiger Zeugnisse unsere verkürzende perspektivische Sicht der Vergangenheit zu Vereinfachungen und „Grau-Verfärbungen" geführt. Vorstellungen, daß die Menschen der Steinzeit in trüber Geschichtslosigkeit dahinlebten, sind irrig.

Eine halbe Million Jahre liegen zwischen der Epoche des Heidelberger Urmenschen, 350 000 Jahre zwischen der Zeit des Altmenschen von Bilzingsleben/Thüringen und jenem Jahrhundert, in dem sich an den Gestaden der Ostsee slawische und niederdeutsche Siedler begegneten. Sollte es in diesen angeblich geschichtslosen Zeiten alles das noch nicht gegeben haben, was Menschen bewegt?

Freilich — es geht um unvorstellbar ferne und unbegreiflich lange Zeiträume. Und doch läßt sich nachweisen, daß schon diese Epochen all die Faktoren menschlichen Sinnens und Strebens enthielten, die dem Menschsein das Gepräge geben.

Heute ist es möglich, ein anschauliches, wissenschaftlich begründetes Bild vom Lagerplatz der Großwildjäger von Bilzingsleben (D. Mania/A. Dietzel), der Rentierjäger von Meiendorf in Holstein (A. Rust) und der Jäger und Fischer von Hohen Viecheln am Schweriner See (E. Schuldt) zu vermitteln.

In unendlicher Kleinarbeit, geduldiger Materialsammlung und scharfsinniger Kombination (J. Brøndsted, Fr. Schlette) ist die Archäologie zu einer Wissenschaftsdisziplin geworden, die neben der Physik wohl das weiteste Interesse der Öffentlichkeit findet. Dieser Wissenschaft des Spatens samt der

Kunst des Spurensammelns und Spurenlesens ist es gelungen, dem Geheimnis der gewaltigen Hünengräber des Nordens, der Monumentalbauten, Dolmen, Menhire und Steinkreise Westeuropas auf die Spur zu kommen (H. Hinz, S. v. Reden). Handelswege und Wanderungen namenloser Völker wurden nachgewiesen, obwohl nur Tonscherben, Steinbeile, Küchenabfälle oder bestimmte Bestattungsformen als dürftige Spuren greifbar sind.

Die Urgeschichtsforschung[1] ist heute eine anerkannte und ernsthafte Fach- und Hochschuldisziplin. Das Lehrgebäude, Kriterien und Gesetze stehen fest. Die Grenzen sind markiert, die Methoden und Techniken entwickelt und erprobt. Eine verbindliche Fachsprache und feststehende Begriffe erleichtern die internationale Verständigung, ein vor wenigen Jahrzehnten noch fast unüberwindliches Problem. Jeder Anthropologe und jeder Archäologe, der etwas von sich hielt, hatte damals seine eigene Nomenklatur.

Längst ist nun auch der Schritt von einer Registrierung und Systematisierung der Funde zu ihrer dokumentarisch-soziologischen Auswertung getan (R. Feustel, H. Jankuhn, F. Laux). Die Forschung vermag heute aus dem Fundgut nicht nur den Alltag, sondern auch naturgeschichtliche und kulturhistorische Ereignisse zu rekonstruieren, die unendlich weit zurückliegen und über die nie ein Wort aufgeschrieben worden ist.

Von der inneren Spannung und Dramatik, die auch die unscheinbarste Grabung begleiten, möchte dieses Buch etwas vermitteln. Es soll Einblicke verschaffen, welch lebendige Fülle interessanter Fragen und auch erster Antworten sich hinter der so sachlich nüchternen, ja manchmal sogar unzugänglichen Vorgeschichtswissenschaft verbirgt. Es bleibt zu bedenken, daß weder schriftliche Quellen noch mündliche

---

[1]*Die Begriffe Urgeschichte und Vorgeschichte werden synonym gebraucht. Sie bezeichnen den gesamten Zeitraum menschlicher Entwicklung und Entfaltung von den Anfängen bis zum Ende der schriftlosen Zeit. Frühgeschichte dagegen beginnt mit dem Aufkommen schriftlicher Aufzeichnungen direkt bei dem betreffenden Volk oder bei seinen Nachbarn.*

Ausgrabungsplatz Bilzingsleben in Thüringen. In einem verlassenen Travertinsteinbruch liegt die Fundstelle mit Resten des Vorzeitmenschen, Knochengeräten und zugeschlagenen Steinwerkzeugen. Auch Geweihenden und bearbeitete Knochen erlegter Tiere finden sich in den Ablagerungen, die etwa 350 000 Jahre alt sind.

Altsteinzeitlicher Lagerplatz

Überlieferungen ihr Arbeitsmaterial darstellen, sondern vorwiegend Gräber und Knochen, zerschlagene Töpfe und verfärbte Erde, geringe Mauerreste als stumme Zeugen und selten auch einmal ein vergrabener Schatz.

Vielleicht ist diese junge Wissenschaft auch deshalb so sachlich, sind die umfangreichen Fachveröffentlichungen trotz vieler Abbildungen und Zeichnungen oft spröde und die Deutungen so vorsichtig, weil an ihren Anfängen ein Zuviel an Phantasie und ungehemmter Deutungsfreude, planlosem Graben, Sammeln und auch Zerstören stand. Hat doch selbst H. Schliemann durch seinen „breiten Graben" in Troja — trotz seiner Schatzfunde — die entscheidenden Schichten zur Erhellung der Zeit des Trojanischen Krieges unwiederbringlich zerstört.

Dennoch haben H. Schliemann und sein Mitarbeiter W. Dörpfeld bei ihren Untersuchungen erstmalig die Bedeutung der Schichtenfolge einer Grabungsstätte für die archäologische Forschung erkannt und sind durch ihre Aufzeichnungen zu Wegbereitern moderner Untersuchungsmethoden geworden.

Muß noch darauf hingewiesen werden, daß es nicht die Aufgabe einer populärwissenschaftlichen Veröffentlichung sein kann, den Leser mit dem gesamten Quellenmaterial der Forschungen und Funde vertraut zu machen? Die Literatur zur Vorgeschichte ist in den letzten Jahren ins Unermeßliche gestiegen. Allein zum Problem der „Schälchensteine" zählt meine Kartei 270 z. T. schwer zugängliche Artikel, Fundberichte und Beiträge zu seiner Deutung. So werden hier nur wenige besonders anschauliche Quellen und Fundorte beispielhaft genannt, durchaus nicht immer die zeitlich neuesten und systematisch wichtigsten.

Zur Methode der Darstellung sei bemerkt, daß der englische Prähistoriker G. Childe einmal darauf hingewiesen hat, daß er in seinen Schriften um der leichteren Lesbarkeit willen zahlreiche Fragezeichen eingespart habe, die er eigentlich hätte setzen müssen. Das ist auch in diesem Buch geschehen, dessen Absicht es ist, einige ur- und frühgeschichtliche Zeugnisse aus nördlichen Regionen Europas dem heutigen Betrachter zum Erlebnis werden zu lassen.

Es bleibt eine mißliche Sache, die Geschichte, besonders aber die Vorgeschichte, in Abschnitte zu zergliedern und mit Namensschildern zu versehen. Der Übersichtlichkeit wegen läßt es sich nicht vermeiden. Wir werden also von Altsteinzeit (Paläolithikum), Mittelsteinzeit (Mesolithikum) und Jungsteinzeit (Neolithikum) sprechen. Aber mit der Bezeichnung „Altsteinzeit" für die älteste Epoche menschlicher Kulturentwicklung verknüpfen sich doch allmählich feste Gedankenverbindungen, die dem betreffenden Zeitalter schließlich wie ein Steckbrief anhaften und falsche Vorstellungen wecken. Es ist nämlich anzunehmen, daß der Mensch der Altsteinzeit und auch noch der Mittelsteinzeit hauptsächlich mit Werkzeugen aus Knochen, Geweih oder Holz arbeitete. Die uns fast ausschließlich erhaltenen Steingeräte, Feuersteinklingen und scharfen Abschläge, die dieser Kultur den Namen gaben, dienten meist nur zur Bearbeitung von Holz und Knochen. Jedenfalls kennen wir aus keiner Zeit ein Volk, das ausschließlich Steinwerkzeuge benutzt hätte. Im europäischen Raum ist auch an den ältesten Fundstätten neben Steingeräten schon die Benutzung bearbeiteter Geweihteile und Knochen nachzuweisen, die bereits eine erstaunliche Fertigkeit erkennen lassen. Allein die Vergänglichkeit des Materials wird für das Fehlen von Holzgeräten der Altsteinzeit verantwortlich sein. Andererseits sind Feuersteinklingen und Hammerbeile aus Felsgeröllen bis weit in die Bronzezeit hinein benutzt worden. Die schönsten steinernen Fischschwanzdolche und einige polierte Streitäxte Jütlands fanden sich in bronzezeitlichen Grabanlagen.

Steinzeit ist also ein *Sammelbegriff* für alle vormetallischen Arbeitsweisen und umfaßt Kulturen, die nur eines gemeinsam haben, daß ihnen noch eine allgemeinverbreitete Metallverarbeitung fehlt. Daß man auch schon in der Steinzeit Metall kannte und fast 1000 Jahre vor dem Auftreten erster Kulturen, die Metall verwendeten, immerhin gewisse Kenntnisse der Kupfertechnologie besaß, beweist außer vielfach anzutreffenden kleinen Kupfergegenständen und Schmuckstücken aus der Jungsteinzeit auch ein Hort mit 13 breiten Beilklingen in der neolithischen Siedlung von Pločnik bei Belgrad.

Schöngeformter Fischschwanzdolch, der aber keinerlei Gebrauchsspuren aufweist (Umanz, Westrügen)

Geschichte ist also ein lebendiger Strom. Wer an den Ufern dieses Stromes Kilometersteine setzt, weiß, daß sie nur für ihn und seine Gruppe, nicht aber für den Strom einen Sinn haben. Die Einteilung der Ur- und Frühgeschichte nach den hauptsächlich auftretenden Werkstoffen Stein, Bronze und Eisen läßt sich zu den tatsächlichen Geschehnissen nicht in Beziehung setzen.

Kam die Nutzung eines neuen Werkstoffs langsam auf, bedeutete das zunächst einen Wandel in der Technik, kaum mehr. Die Neuerung brachte nicht einmal unter allen Umständen einen Fortschritt mit sich. Gegossene späte Bronzebeile waren haltbarer und technisch besser durchgestaltet als die ersten geschmiedeten Eisenwerkzeuge. Erst die Notwendigkeit, größere Mengen des neuen Werkstoffs einzuhandeln, brachte dann auch wirtschaftliche und, in ihrem Gefolge, soziale Strukturveränderungen mit sich.

Ein weiteres Problem: die sehr späte Einführung der Schrift im Norden. Ägypten trat mit den ersten Schriftzeugnissen in das Licht der Geschichte, als seine Bewohner kaum die *Steinzeit* hinter sich gelassen hatten. Erst Jahrhunderte später — in mykenischer Zeit — machten die Griechen erste Aufzeichnungen. Sie kannten noch kein Eisen, lebten also in der *Bronzezeit*. Im Norden dagegen finden sich erst Jahrhunderte nach der Einführung des *Eisens* erste Schriftzeugnisse. Wir haben es also im Hinblick auf die schriftliche Überlieferung der ältesten Zeiten mit einer sehr unterschiedlichen Quellenlage zu tun.

Aber auch längst nicht alle Bodenfunde gestatten eine klare Datierung. So eignen sich sehr frühe, im Norden gelegentlich auftretende eiserne Gegenstände in keiner Weise zur Kennzeichnung einer Entwicklungsstufe. Spuren eiserner Gegenstände, die vermuten lassen, daß schon mit der ersten importierten Bronze auch die Kenntnis des Eisens in das Gebiet der

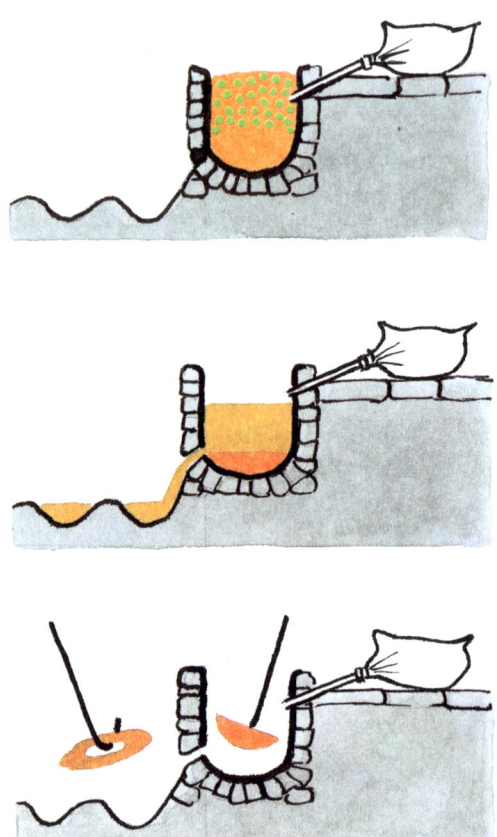

Schmelzofen der Bronzezeit (nach W. Witter und J. Spanuth). Die aus Steinen erbaute und mit Ton ausgekleidete Schmelze stand am Rand einer Bodensenke. An der Rückseite wurde mit einem Blasebalg Luft zugeführt. Die Füllung bestand aus einem Gemisch von grünem Malachiterz und Holzkohle. Erreichte die Temperatur des Schmelzofens 1100 Grad Celsius, setzte sich das geschmolzene Kupfer am Boden unter der leichteren Schlacke ab. Dann öffnete der Schmied das Gußloch an der Stirnseite des Ofens und konnte die Schlacke abstechen und entfernen. Das abgekühlte und erhärtete Kupfer wurde mit einer Stange aus dem Schmelzofen gehoben.

südlichen Ostsee gelangte, finden sich mehrfach. Allerdings bleibt das Eisen sehr selten, bis um 1500 v. u. Z. mit dem Aufkommen besserer Schmelz- und Reduktionsverfahren stahlähnliche Legierungen häufiger auftreten. Eine eiserne Sichel aus einem Grabfund der Bronzezeit in Weisin/Mecklenburg und ein halbmondförmiges Eisenmesser aus einem Hügelgrab bei Uldal in Südjütland gehören in diese Zeit. Bekanntschaft mit dem Eisen bedingt noch nicht seine allgemeine Nutzung, es wurde vielleicht als Schmuck, sicherlich nicht als Werkzeug verwendet. Mehr als 500 Jahre vergehen, bis das Eisen in den bronzezeitlichen Kulturen Nordeuropas heimisch wird und die Bronze langsam verdrängt.

Rätselhaft bleibt, warum die Bronzezeit im Norden noch so lange fortdauerte, obwohl sie in Süd- und Mitteleuropa durch eine voll entwickelte Eisenverarbeitung längst ihr Ende gefunden hatte. Nimmt man an, daß die unentbehrliche Rohbronze aus südlichen Gegenden in das Gebiet von Nordsee und Ostsee importiert worden ist, bleibt es unverständlich, warum die Händler im Bereich früher Eisenkulturen nur Bronze einkauften, das für den täglichen Gebrauch aber so vielfach überlegene und inzwischen gut legierbare Eisen verschmähten. Reiche Bronzehortfunde im norddeutschen Raum (E. Sprockhoff) und in Dänemark (J. Brøndsted) zeigen, daß damals bestimmte Bevölkerungsschichten durchaus nicht ärmlich lebten, also den Preis für Roheisen, zumindest für Beile und Messer, durchaus hätten aufbringen können.

Neuerdings bietet sich eine andere Deutungsmöglichkeit an: Das Kupfer kam von Helgoland, das Zinn aus Cornwall in Südengland. W. Lorenzen hat 1965 auf ehemals reiche Kupfererzvorkommen auf Helgoland hingewiesen. Das heutige Helgoland ist ja nur noch die Restfläche einer in der Bronzezeit sehr viel größeren Insel. Durch Erzanalysen hat W. Lorenzen für Helgoländer Kupfer typische Spurenelemente in vorgeschichtlichen Kupfer- und Bronzegegenständen im Umkreis jedenfalls der frühen nordischen Bronzekulturen nachweisen können.

Nachdem im Frühjahr 1980 in der Nähe der Düne östlich Helgolands Reste einer vorgeschichtlichen Kupferschmelze

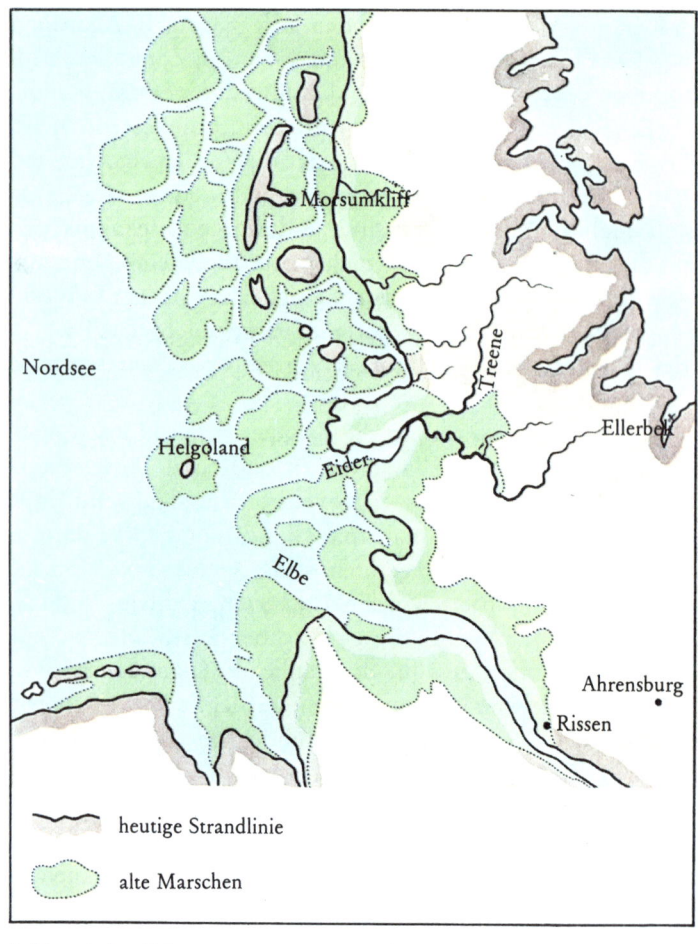

In historischer Zeit untergegangene Marschen zwischen Helgoland und Holstein. Nach einer alten Karte von Joh. Mejer/Husum aus dem Jahre 1651 (nach einer Skizze von W. Berg)

mit Schlacken und Kupferbarren gefunden worden sind, erscheint es durchaus sinnvoll, Untersuchungen in der Richtung weiterzuführen, ob nicht im eigenen Bereich gewonnenes Kupfer wenigstens teilweise den Rohstoffbedarf im Norden gedeckt hat und jedenfalls noch lange Zeit auf dem jütländischen Markt billiger gewesen ist als Hallstätter Eisen aus dem Salzkammergut.

So war auch der Kupferreichtum Sardiniens sicherlich die Ursache der ungewöhnlich langen Dauer der Bronzezeit auf der Insel. Da Eisen eingeführt werden mußte, begnügte man sich so lange wie möglich mit dem einheimischen Metall.

Es wird deutlich, warum sich das vorliegende Buch in der Hauptsache auf Aspekte der Siedlungsgeschichte des norddeutschen Tieflandes, des Küstenstrichs der südlichen Nordsee mit Jütland und den dänischen Inseln sowie der Gebiete der westlichen Ostsee bis Rügen und Usedom beschränken muß. Denn nicht nur Dauer und Begrenzung von Stein-, Bronze- und Eisenzeit unterscheiden sich in den verschiedenen Siedlungsgebieten und Kulturkreisen Europas erheblich, sondern auch Klima und Wirtschaftsform, die einander in gewissem Sinne bedingen. Zwischen jungsteinzeitlichen Ackerbauern lebten noch jahrhundertelang offenbar friedlich mittelsteinzeitliche Gruppen von Sammlern und Jägern, denn Befestigungsanlagen aus dieser Zeit sind bisher im Norden noch nicht gefunden worden. Funde der mittelsteinzeitlichen Lietzowkultur auf Rügen und dem Fischland dicht neben gleichzeitigen Siedlungsplätzen jungsteinzeitlicher Ackerbauern sind wohl in dieser Richtung zu deuten.

Die Probleme des Übergangs vom Nomadentum zur Seßhaftigkeit standen auch für umherschweifende nacheiszeitliche Jäger an den südlichen Küsten der Nordsee zur Debatte, da ihre Winterquartiere in den Höhlen der Mittelgebirge — so bei Balve und Letmathe, im Hönnetal in Westfalen und bei Scharzfeld im Südharz — an das „Kulturland" bereits pflügender und säender Stämme grenzten. Jede Landschaft hat ihr eigentümliches, umweltbedingtes Siedlungsprofil, so daß hier nur einige Grundtendenzen und markante Beispiele aufgezeigt werden können.

In weit stärkerem Maße als in der Gegenwart waren die Menschen älterer Zeiten von den Voraussetzungen und Gegebenheiten der Natur abhängig. Die Verhältnisse, die sie vorfanden, waren in dem großen, sich fast über eine halbe Million Jahre erstreckenden Zeitraum, aus dem Spuren menschlicher Anwesenheit in der nördlichen Hälfte Europas bekannt sind, sehr unterschiedlich.

Der weitaus größte Teil dieser langen Epoche fällt in das Eiszeitalter, das sich schon am Ende der Tertiärzeit vor etwa 3 Millionen Jahren langsam durch längere Kälteeinbrüche abzeichnete. Vor etwa 1 Million Jahren begann dann eine Zeit vermehrter periodischer Klimaverschlechterungen. Acht Zeitetappen mit lang anhaltenden Temperaturschwankungen lassen sich fast überall in Europa nachweisen. Vor allem die letzten drei Klimaeinbrüche (Elster-, Saale- und Weichseleiszeit) waren besonders folgenschwer, weil sie weite Gebiete Mittel- und Nordeuropas unter einer 1000 bis 3000 m hohen Eisdecke begruben. Ihre Namen erhielten diese Kaltzeiten nach den Flüssen, in deren Bereich die Vorstöße des Kontinentaleises von Norden her jeweils zum Stillstand kamen: Elster, Saale und Weichsel. Im Bereich des nördlichen Alpenvorlandes lag der Rand der Eismassen in den Flußtälern von Günz, Mindel, Riss und Würm.

Die Benennung der Eiszeiten durch die Quartärforscher (Quartär: jüngste Formation der Erdneuzeit, nach dem Tertiär, umfaßt etwa 1 Million Jahre bis zur Gegenwart, gegliedert in Diluvium mit Eiszeiten und Alluvium, der gegenwärtigen geologischen Epoche) erfolgte unter anderem auch unter dem Gesichtspunkt alphabetischer Reihenfolge, so für die Alpen von der älteren zur jüngeren Vereisung mit *G*ünz, *M*indel, *R*iss, *W*ürm und für die mitteleuropäischen Vereisungen im deutschsprachigen Raum mit *E*lster, *S*aale, *W*eichsel.

Vor 24 000 Jahren begannen sich die Gletscher von Mittelschweden innerhalb von 4000 Jahren, also relativ schnell, bis in das Gebiet südlich von Berlin auszudehnen. Noch heute markieren die Reste der „Brandenburger Eisrandlage" den letzten Gletschervorstoß der weichselzeitlichen Hocheiszeit (Hochglazial). Diese letzte Vereisung begann in unseren Breiten vor etwa 15 000 Jahren abzuklingen. Von den Fachleuten wird diese Zeit das „Pommersche Stadium der Weichselvereisung" (auch „weichselzeitliches Spätglazial", Spät- oder Nacheiszeit) genannt.

Skala der Warmzeiten und Kaltzeiten (nach R. Pörtner); gelb: Warmzeit; grau: Eiszeit

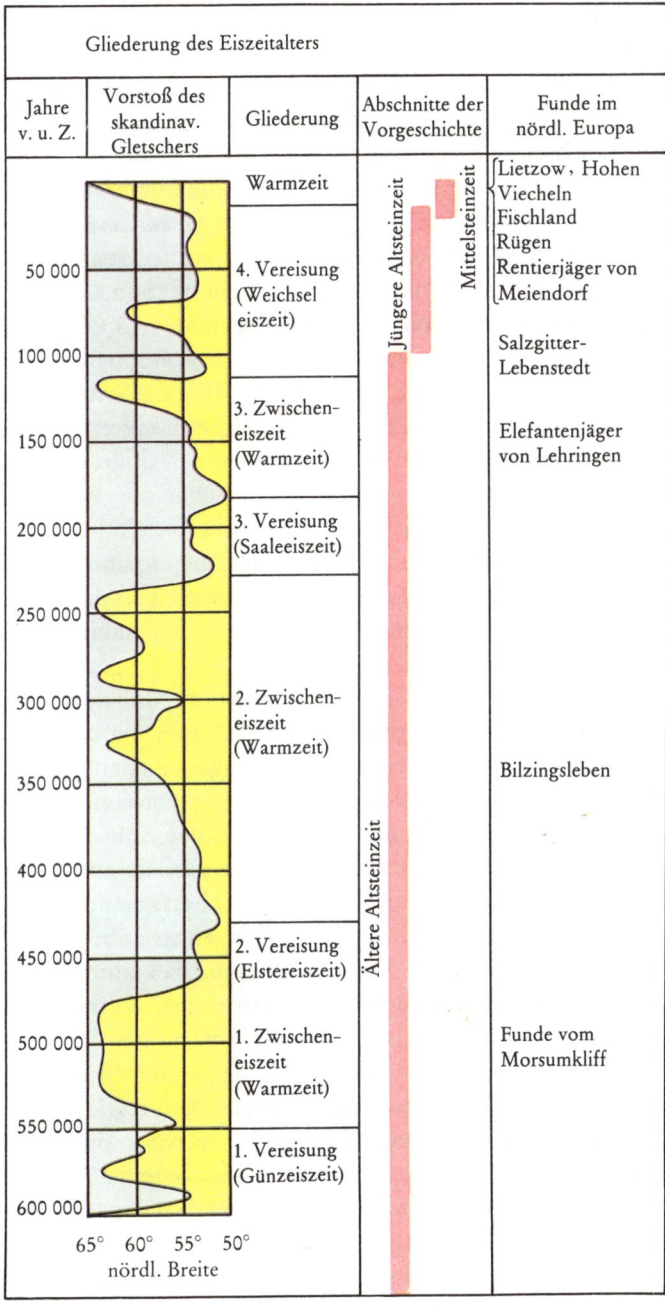

Ein Temperaturabfall von 8 bis 10 Grad Celsius im Jahresdurchschnitt löste die Eiszeit aus. Durch Untersuchungen der fossilen Pflanzengesellschaften lassen sich die Minderungen des Jahresmittels der Temperatur in den jeweiligen geographischen Breiten errechnen.

In der Nähe der Eisgrenze lag die Julitemperatur bei 5 Grad, die Januartemperatur um minus 22 Grad Celsius. Aber noch in der Gegend von Paris, weitab vom Eis, stieg ebenso wie in Thüringen die Julitemperatur nicht über 10 Grad Celsius, die Januartemperatur lag etwa bei minus 16 Grad Celsius. Heute beträgt die *Jahresdurchschnittstemperatur* dieses Gebietes (London–Frankfurt/M.–Berlin) 9 bis 10 Grad Celsius.

Außerordentlich stark waren die Luftbewegungen über den großen Inlandeisflächen. Stürme haben gewaltige Mengen Sand und Kies aufgewirbelt und große Steine zu „Windkantern" geschliffen, die noch heute die vorherrschenden Windrichtungen erkennen lassen. Lößablagerungen sind Verwehungen von zermahlenem Gestein. Zudem zeigen die Untersuchungen, daß das Klima im Hochglazial bedeutend trockner als heute war.

Sowohl auf der nördlichen als auch auf der südlichen Halbkugel entstanden gewaltige Gletschergebirge, die sich Tausende von Kilometern weit in die gemäßigten Zonen vorschoben. Auffallend ist, daß sich die Eismassen nicht konzentrisch von der heutigen Arktis nach Süden und der Antarktis nach Norden ausbreiteten. So waren während der letzten Kaltzeit Teile Alaskas eisfrei. Unter dem jetzt dort herrschenden „ewigen" Eis hat man neuerdings Reste steinzeitlicher Siedlungen entdeckt. Einige Funde lassen vermuten, daß zur gleichen Zeit auch Gebiete Finnmarks, Nordkareliens, der Halbinsel Kola und der Südwestküste Norwegens wenigstens während der Sommermonate nach dem Abschmelzen der winterlichen Schneedecke für Jäger passierbar waren.

Die Höhe der Schneegrenze wurde um mehr als 1000 m herabgedrückt. Heute liegt sie in den Alpen bei etwa 2700 m.

Die Ursachen des gewaltigen Temperaturrückgangs, aber auch des jeweils verhältnismäßig kurzfristigen Wiederanstiegs der Temperaturen sind bis heute umstritten. Es gibt die unterschiedlichsten Hypothesen. Haben sich durch Abkühlung die Dichte des flüssigen Erdmagmas und damit nach den Gesetzen des Kreisels auch die Flieh- und Schwerkraftverhältnisse der Erdkugel so verändert, daß es in verschiedenen geologischen Epochen zu Verlagerungen der Erdachse kam (L. Suball)? In diesem Zusammenhang hätte sich dann die Lage der Eiskappen der Polarzonen verschoben. Bisher eisfreie Gebiete wären unter die Gewalt arktischer und antarktischer Eismassen geraten. Arktische Gebiete wären in den Bereich gemäßigten Klimas gelangt und schneefrei geworden.

Ganz undenkbar wäre dieser Vorgang insofern nicht, als aus dem Karbonzeitalter dichte Urwälder auf Spitzbergen nachgewiesen sind und von der Antarktis Muschelversteinerungen bekannt wurden. Neuesten Forschungen nach lag in Urzeiten für eine gewisse Erdepoche bei Java der Südpol oder doch jedenfalls ein Kältepol der Erde. Andere Forscher vermuten, daß einige Elemente der Erdbahn, so vor allem die Gestalt und die Lage der Bahnellipse sowie der Neigungswinkel der Erdachse zur Bahnellipse, durch den Einfluß der anderen Planeten periodischen Schwankungen von verschiedener Dauer unterworfen sind (J. Marcinek).

Auf die verschiedenen Hypothesen über die Ursachen der Eiszeiten kann hier nicht eingegangen werden. Das muß den zuständigen Fachwissenschaftlern, wie P. Woldstedt (1961), G. Markuse (1978), J. Marcinek (1980) oder H. D. Kahlke (1981), vorbehalten bleiben, die in fachlich fundierten, anschaulichen Veröffentlichungen die Vielschichtigkeit der Problematik dargestellt haben. Ältere Eiszeithypothesen gingen meistens von *einer* Ursache der Eiszeiten aus. Gegenwärtig neigen viele Forscher zur Diskussion multifaktoreller Eiszeithypothesen, die mehrere mögliche Ursachen miteinander verbinden. Sie machen das Zusammentreffen verschiedener Faktoren für den Beginn einer Eiszeit verantwortlich. Dabei ist man heute der Meinung, daß die eine Eiszeit auslösenden Faktoren nicht als plötzliche Katastrophe in Erscheinung traten, sondern daß durch das Zusammenwirken auch kleiner Faktoren bei gleicher Wirkungsrichtung derartige Klimaänderungen herbeigeführt wurden.

Dabei hat es sich für die Forschung als sehr hilfreich erwiesen, daß sich an den Uferterrassen der Alpenflüsse und in den Profilen von Kiesgruben und Steilufern im Bereich der westlichen Ostsee die Hauptschichten eiszeitlicher Ablagerungen deutlich erkennen lassen.

In einem Braunkohlentagebau im nordöstlichen Harzvorland bei Aschersleben gelang es D. Mania und V. Toepfer, den Klimaverlauf über einen Zeitraum von mehr als 130 000 Jahren zu verfolgen. Bagger hatten an der 25 m hohen Böschung im Abraum ein Profil freigelegt, das durch hellere und dunklere Schichten die Aufzeichnung einer vollständigen Klimakurve vor allem für die letzte Vereisung und die vorangehende Warmzeit gestattete. Zeiten mit feuchtwarmer Witterung und üppiger Vegetation zeichneten sich durch dunklere Schichten mit Torf und Pflanzenresten ab, während Kälte, Trockenheit und Stürme über waldloser Tundra hellere, sandige Streifen hinterlassen hatten. Dieser sensationelle Fund einer geologischen „Klimakarte" derartigen Ausmaßes ist für das europäische Festland bisher einmalig.

Bestätigt wurden diese Forschungen durch die Entdeckung einer Sommerstation altsteinzeitlicher Großwildjäger mit Werkzeugen aus Stein und den Überresten erlegter Tiere, wie Ren, Wildpferd, Wisent, Mammut, Nashorn, Wildesel und Hirsch. Es ließen sich auch einige Knochen von Höhlenlöwen, Hyänen und Wölfen nachweisen. Aus den Fundumständen im Bereich 15 bis 17 der Meterskala der Tagebauböschung konnte man ableiten, daß diese Reste vor etwa 60 000 Jahren am Ende einer feuchtwarmen Zeit, also noch vor der letzten Eiszeit, an einem sandigen Uferstreifen eines mit Schilf und Bruchwald umgebenen Sees liegengeblieben waren.

Nun darf man sich aber die Kaltzeiten und die dazwischen auftretenden Warmzeiten („Zwischeneiszeiten") durchaus nicht klimatisch einheitlich und gleichförmig vorstellen. Die Untersuchungen im Tagebau „Königsaue" bei Aschersleben haben auch den Beweis für mehrere relativ kurzfristige Er-

Abb. S. 24: Altsteinzeitliche Jäger in der letzten Warmzeit (3. Zwischeneiszeit), von A. Dietzel rekonstruiert nach den Funden am Ascherslebener See

wärmungen und Klimaschwankungen innerhalb der Kaltzeiten mit erheblichen Verschiebungen des Eisrandes erbracht. Nur in den Hauptzeiten der Vereisungsphasen schob sich ein durchgehender Gletscherkomplex aus Skandinavien über das Gebiet der heutigen Ostsee bis in das Gebiet von Elster und Saale vor und machte auch den schmalen, nicht vereisten Korridor in Mitteleuropa für den Menschen unbenutzbar.

Dagegen waren die klimatischen Verhältnisse in den Warmzeiten wesentlich günstiger als heute. Die Bezeichnung „Zwischeneiszeit" läßt den wirklichen Sachverhalt nicht erkennen, denn eine wärmeliebende Tierwelt mit Waldelefanten, Wildpferden und Nashörnern fand auch im nördlichen Mitteleuropa über lange Zeiträume hinweg ansprechende Lebensbedingungen. Lichte Laubwälder mit Ulmen, Linden und Eichen bedeckten weite Gebiete Mitteleuropas und Skandinaviens. So sahen sich die Menschen der vorletzten Warmzeit, deren Jagdlager in Bilzingsleben/Thüringen ausgegraben wurde und deren Werkzeuge denen gleichen, die wir vom Morsumkliff auf Sylt kennen, Umweltbedingungen gegenüber, die von den heutigen durchaus verschieden waren. Und vor 130 000 Jahren, in der Warmzeit vor der letzten Eiszeit, herrschte am Aschersleber See ideales Urlaubswetter mit südlichen Temperaturen, über Jahrtausende hinweg.

Wir müssen noch einmal darauf zurückkommen, daß der Begriff „Eiszeit", auch wenn er immer wieder gebraucht wird, ungenau, ja irreführend ist, wenn er nicht sachgerecht angewendet wird. Auf klimatischem Gebiet zeichneten sich auch in den Kaltzeiten starke Schwankungen mit erheblichen, lang anhaltenden Erwärmungen zwischen den eigentlichen, verhältnismäßig kurzzeitigen Eisvorstößen ab. Es gab mehrere Kaltzeiten, aber nicht in jeder klimatischen Kaltzeit kam es zur Gletscherbedeckung von kontinentalem Ausmaß, also zu einer *Eiszeit.*

Die Benennung „Eiszeit" verhindert eine klare Vorstellung von den wirklichen damaligen Lebensbedingungen und hat lange Zeit letztlich auch den Weg zur Suche nach Resten des „Eiszeitmenschen" in unseren Breiten verstellt. Beim letzten Vorstoß des Eises herrschte nur in begrenzten Gebieten

Nordeuropas und der Ostseeküste tatsächlich Eisbedeckung mit hohen Gletschern. Im Bereich der Norddeutschen Tiefebene und der südlichen Nordsee war lediglich Kaltzeit mit einer Pflanzenwelt, die der jetzigen Tundra entsprechen würde. Pollenanalysen ergeben ein recht zuverlässiges Bild der damaligen Vegetationsverhältnisse. In den möglicherweise sehr warmen Sommermonaten grünte und blühte es wie in der Arktis heute, ein reiches Tierleben mit zahlreichen Vogelarten und Niederwild konnte sich entfalten. Und auch größere Säugetiere, wie Ren und Mammut, fanden Nahrung. Die Flüsse führten nicht nur am Rand der Gletscher reichlich Wasser, an Fischreichtum werden sie den heutigen Flüssen Skandinaviens kaum nachgestanden haben.

Das sommerliche Tauwetter hinterließ Jahr für Jahr Ablagerungen, die heute noch im Profil vieler Tongruben deutlich in Zehntausenden feinster Linien zu erkennen sind. Aus den feinen Bändern (Warven) der Ablagerungen in ehemaligen eiszeitlichen Stauseen hat der Schwede G. de Geer eine Zählmethode entwickelt. Aus dem Wechsel einer breiten helleren Sommerwarve und einer dazugehörigen schmalen dunklen Winterwarve läßt sich eine Jahreswarve ableiten. Die hellen schluffigen Bänder entstanden im Sommer bei höheren Abschmelzbeträgen und bewegterem Fließen des Wassers, die dunkleren tonigen Bänder deuten auf langsames Abschmelzen oder teilweisen Stillstand des Abtauens hin, sie sind schmaler als die Schluffbänder.

Die Zwischeneiszeiten (Interglazial, Interstadial, Glazialschwankungen), für die wir noch keine besseren Namen haben, dürfen nicht als einfache Unterbrechungen, als wärmere Pausen oder Schwankungen zwischen den Eisvorstößen aufgefaßt werden. Einige Warmzeiten hielten länger an als die Eiszeiten. Und jede einzelne Zwischeneiszeit umfaßte einen Zeitraum, der größer war als die Zeitspanne, die seit dem Ende der letzten Vereisung bis in unsere Tage vergangen ist. Das Klima war Jahrtausende hindurch unvergleichlich wärmer als heute. In Thüringen gediehen Lebensbaum *(Thuja)* und Walnuß, die heute erst wieder als Kulturgewächse dorthin gekommen sind.

Auch bedenkt man meistens nicht, daß das Verhältnis von Wasser- und Landflächen noch während des letzten Eisvorstoßes und in den darauffolgenden Jahrtausenden keineswegs dem heutigen Bild entsprach. Die Gletschermassen hatten beträchtliche Teile des Wassers als Eis gebunden, so daß die Küstenlinien der Weltmeere zur Zeit der letzten Vereisung etwa um 100 m tiefer und daher weiter seewärts lagen als heute. Die mittlere und südliche Nordsee waren ebenso wie der Ärmelkanal Festland. Menschen und Tiere konnten geradenwegs und trockenen Fußes von Jütland über eine Landverbindung nach England wandern, sieht man einmal von den großen, mit Flößen zu überwindenden Flußläufen und Urstromtälern ab. Erst mit dem Abklingen der letzten Vereisung und dem Schmelzen der Gletscher stieg allmählich der Wasserspiegel. Immerhin können diese Gebiete, die dann seit dem 6. Jahrtausend zunehmend von der südwärts drängenden Nordsee überflutet wurden, dem Menschen bei dem günstigen Klima der Nacheiszeit durchaus Lebensmöglichkeiten geboten haben. Der Durchbruch des Ärmelkanals schuf dann die heutige Verteilung von Land und Meer.

Mögliche Spuren des Menschen der Altsteinzeit in diesem Gebiet versanken im Meer und gelangen heute nur durch zufällige Baggerfunde ans Tageslicht. Nachdem schon am östlichen Kanalausgang, im holländischen Küstengebiet und bei Helgoland vom Meeresgrund stammende steinzeitliche Relikte bekannt geworden waren, wurden 1936 eine mittelsteinzeitliche Harpunenspitze und zahllose Mammutknochen von der Doggerbank geborgen.

Die meisten dieser Funde gehören verschiedenen Gruppen der weitverbreiteten „Federmesserleute" an. Ein wichtiger Fundort auf dem Festland, der einer Hauptgruppe dieser Zivilisation den Namen gegeben hat, liegt in Rissen bei Hamburg. Vor 12 000 bis 10 000 Jahren, in der zu Ende gehenden Altsteinzeit, siedelten Wildbeuter auch am Rande der schmelzenden Gletscher des letzten Eisvorstoßes. Eine Station dieser im trockenliegenden Gebiet der südlichen Nordsee umherstreifenden Jägergruppen lag in dem Dünengebiet von Rissen, heute 2 km vom Elbufer entfernt. Zu den dort gefundenen

Feuersteingeräten, die im Helms-Museum in Harburg aufbewahrt werden, gehören geknickte Rückenmesserchen, kurze Kratzer, grob zugeschlagene Stichel und Messer mit bogenförmiger Randbearbeitung, die als Federmesser bezeichnet werden (Rissener Gruppe). Wichtige Fundplätze anderer Federmessergruppen sind Wehlen im Kreis Harburg und die Höhlenstation Scharzfeld im Kreis Osterode. Im südostenglischen Küstengebiet finden sich Federmesser unter den Werkzeugen der Croswelliengruppe, in Nordholland in der Tjongergruppe.

Bei Rissen fand sich eine Schicht mit Geräten der Federmessergruppe unterhalb eines der Ahrensburger Kultur angehörenden Fundhorizontes. Damit war der Beweis erbracht, daß die Rissener Federmessergruppe älter als die gut datierte Ahrensburger Stufe ist.

Noch um 7000 v. u. Z. waren Birke und Kiefer bis zur Doggerbank verbreitet, Flachmoore stellenweise von Haselsträuchern umgeben. Selbst einzelne Eichen und Ulmen zeigten sich neben Stechpalmen *(Ilex)*. Die zurückgelassenen Geräte beweisen, daß diese Gebiete der Nordsee damals bis etwa zur heutigen 35-m-Tiefenlinie immer wieder von Jägern aufgesucht wurden. Daß diese sehr weit umherschweiften, ist aus den über ganz Nordwesteuropa verbreiteten Federmessern zu schließen.

Das Abschmelzen der letzten Gletscher ließ eine Verbindung zwischen Nordsee und Ostsee über Mittelschweden entstehen. Die Ostsee nahm für einige Zeit den Charakter eines Eismeeres an. Von der Last der Eismassen befreit, hob sich dann das Gebiet der südwestlichen Ostsee und Südschwedens. Die Ostsee wurde vorübergehend zum Binnensee, der allmählich aussüßte, bedingt vor allem durch den Zufluß des Gletscherschmelzwassers. Dieser Vorgang hielt bis zur Mittelsteinzeit an. Um 6000 v. u. Z. lag der Wasserspiegel immer noch mindestens 20 m tiefer als heute.

Das bedeutet für unsere engere Heimat: Der Strelasund, die Schmelzwasserrinne zwischen Rügen und dem Festland, war damals trockenes Land, ebenso Haff und Bodden. Wahrscheinlich waren diese Gebiete von einigen Süßwasserseen

- größere unterseeische Moore
- ▲ heute auf dem Meeresgrund liegende Stubben ehemaliger Kiefernwälder
- ● älteste steinzeitliche Siedlungen

Landverteilung im Bereich von Nordsee und Ostsee während der frühen Nacheiszeit. Eingezeichnet sind auch Torfmoore im Gebiet der Nordsee und Felder mit Kiefernstubben auf dem Grund der Ostsee aus der letzten Warmzeit. Markiert sind zehn der wichtigsten altsteinzeitlichen Fundplätze in diesem Gebiet. 1 — Morsumkliff; 2 — Moselund; 3 — Sønder Hadsund; 4 — Bromme; 5 — Klosterlund; 6 — Ahrensburg/Meiendorf; 7 — Hermannshagen; 8 — Pinnberg; 9 — Lyngby; 10 — Fosnakultur

durchsetzt. Versunkene Wälder vor der Darßer Westküste, weite Flächen mit Kiefernstubben auf dem heutigen Meeresgrund nordwestlich von Kap Arkona und zwischen den dänischen Inseln bezeugen diese tiefgreifende Veränderung in geologisch jüngster Zeit. Den Fischern sind diese für ihre Netze gefährlichen Gebiete gut bekannt.

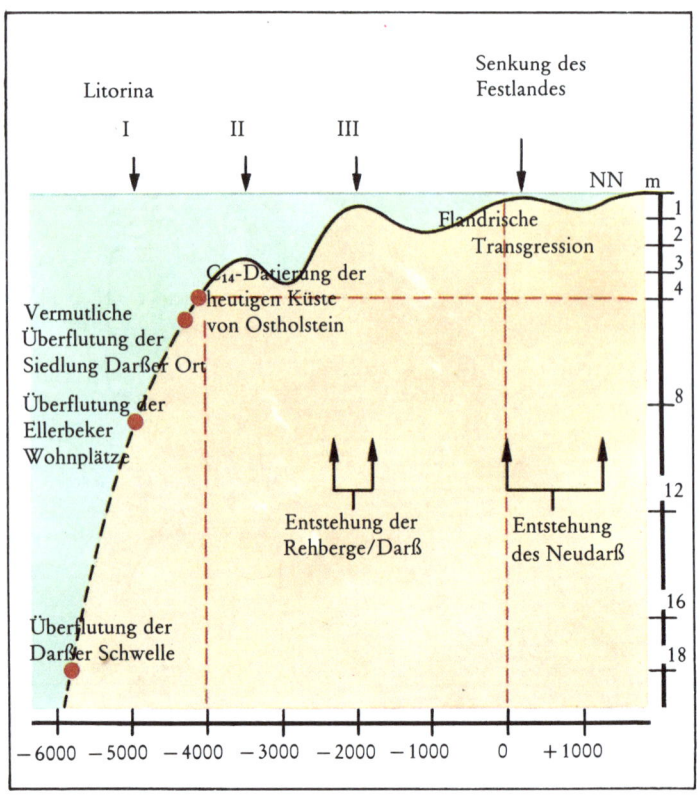

Der Anstieg des Wasserspiegels der Ostsee nach dem Abschmelzen der letzten Gletscher (nach H. Schmidt)

In der Mittelsteinzeit, vor etwa 8000 Jahren, entstand über Sund und Skagerrak durch Landsenkung eine erneute Verbindung zwischen Nordsee und Ostsee. Dadurch wurde um 4000 v. u. Z. die Darßer Schwelle, die heute in 18 m Tiefe liegt, überflutet und das Fischland zum Küstengebiet. Aber erst um 3000 v. u. Z. erreichte das Meer die Wohnplätze der Ellerbeker Leute in der Kieler Bucht, heute 9 m unter der Wasseroberfläche, und damit auch die mittelsteinzeitlichen Siedlungsplätze vor Wustrow, Darßer Ort und Kloster/Hiddensee. Ab 3400 v. u. Z. bildete sich der heutige Küstenverlauf heraus.

Warum mußten wir zu Beginn unserer Darstellung so weit ausholen und anstatt von Hünengräbern und Steinkreisen von Eiszeiten sprechen? Einige uns nicht genau bekannte, aber im Zusammenhang mit den Steinzeitkulturen zu wenig beachtete Aspekte sollten beleuchtet werden:

— Die Mammut- und Renjäger fanden eine gänzlich andersartige Verteilung der Land- und Wasserflächen vor, als wir sie heute kennen.

— Obwohl wir bisher kaum damit gerechnet hatten, finden wir am Ostseestrand Feuersteinwerkzeuge, die nicht nur aus den Steilufern herausgespült, sondern auch vom Meeresboden herangetrieben sein können.

— Leicht abgerollte Flintgeräte vom Darßer Ort, von der Fährinsel bei Hiddensee, vom Stolper Haken und von der Schmalen Heide bei Mukran auf Rügen stammen von untergegangenen bzw. erst in der Jungsteinzeit fortgespülten, einst besiedelten Landschollen, deren ungefähre Lage H. Schmidt ermittelt hat.

— Spuren und Stationen von „Eiszeitmenschen", also altsteinzeitliche Kulturen in unseren Breiten, sind — abgesehen von besonders günstigen Umständen in westjütländischen Mooren — nur unter viele Meter starken Ablagerungen zu finden, sofern sie nicht überhaupt durch die Gletschermassen zermahlen und verstreut worden sind. Das wird vor allem auch für menschliche Spuren aus den Warmzeiten unseres Gebietes gelten.

— Zahlreiche Oberflächenfunde dürfen nicht darüber hinwegtäuschen, daß auch mittelsteinzeitliche Siedlungsreste aus der Zeit der Erwärmung nach dem letzten Abschmelzvorgang durch mehrfache Wasserspiegeländerungen und Landsenkungen heute von mehreren Torf- und Sandschichten überlagert oder sogar vom Meer überspült worden sind.

— Die großen, allgemein als Findlinge bezeichneten Steine, die das Baumaterial für Hünengrab und Steinkreis bildeten, sind durch mehrfache Eisschübe und Gletschervorstöße erst aus Skandinavien herangeführt und in bestimmten Zonen des Gletscherstillstands und der Eisschmelze abgelagert worden.

— Nach dem Rückgang des Eises waren Norddeutschland

und Jütland von Gletscherschutt und Steinen aller Größen förmlich übersät. Da das Land jahrhundertelang gepflügt und die Steine immer wieder abgelesen und zum Haus- und Straßenbau verwendet worden sind, können wir uns schwer vorstellen, wie reichlich die Menschen der Megalithkultur (griechisch: megas, groß; lithos, Stein) einst das Baumaterial in unmittelbarer Nähe ihrer Siedlungen vorfanden. Eine gewisse Vorstellung von dieser steinbedeckten Moränenlandschaft vermitteln heute noch bei Ebbe Fjorde und Buchten Norwegens und Dänemarks, aber auch Boddengewässer der südlichen Ostsee, wo die ursprüngliche Steinbedeckung der Oberfläche unberührt liegenblieb.

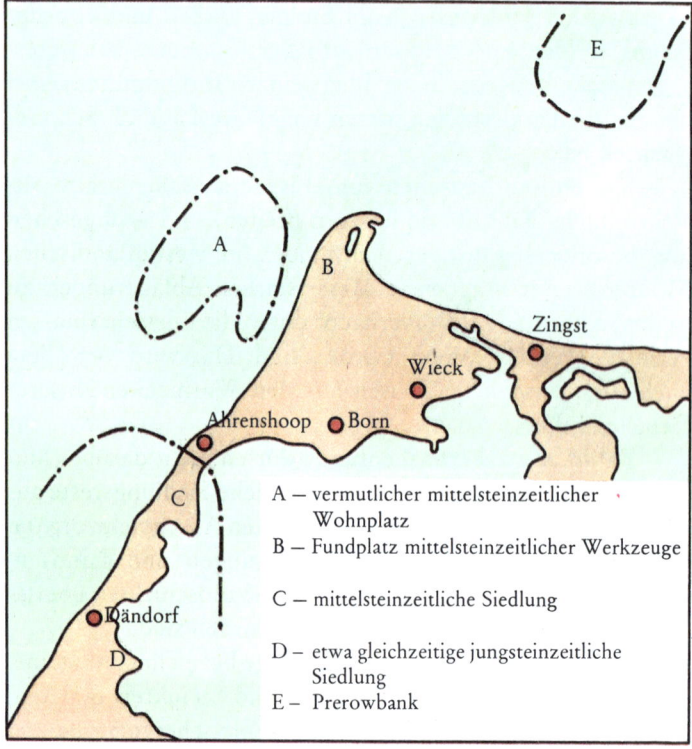

Vermutete Siedlungsplätze der Mittelsteinzeit auf dem Darß und dem Fischland, die im 4. Jahrtausend v. u. Z. überflutet wurden (Skizze von W. Berg nach Angaben von H. Schmidt)

 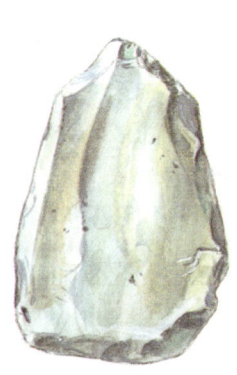 

Am Darßer Ort wurden von H. Schmidt umgelagerte mittelsteinzeitliche Feuersteinklingen gefunden. Die Siedlung ging unter, die Werkzeuge wurden damals an Land gespült und heute durch Dünenabbrüche wieder freigelegt.

Man kann also sagen: Eiszeiten kamen und vergingen *vor den Augen des Menschen*; er sah den Waldelefanten aussterben und das Mammut, vorausgesetzt, daß er schon ein gewisses „gesellschaftliches Gedächtnis" besaß, durch das Fakten und Veränderungen in mündlicher Tradition von Generation zu Generation festgehalten wurden.

Noch vor 130 Jahren war die Vorstellung einer Existenz von Eiszeitmenschen oder gar von Menschen vor der Eiszeit undenkbar, obwohl Funde menschlicher Knochen und Werkzeuge zusammen mit Tieren der Eiszeit, etwa in der Baumannshöhle im Harz, nachdenklich stimmten. Heute mutet die Geschichte der Diskussion um den Eiszeitmenschen so fossil an wie die Knochen, um die es ging. Das Wissen um die Existenz des Eiszeitmenschen ist heute allgemein verbreitet und anerkannt.

Warmzeiten - Kaltzeiten - Eiszeiten: die Altsteinzeit

Bei einer Gliederung der Steinzeitkulturen in Alt-, Mittel- und Jungsteinzeit (Paläolithikum, Mesolithikum und Neolithikum) läßt man die Altsteinzeit mit dem Auftreten der ersten Steinwerkzeuge, die ohne Zweifel bearbeitet worden sind, beginnen. Werkstoff war außer Geröllsteinen und hartem, scharf splitterndem Gestein wie Quarzit in den späteren Phasen der Steinzeit hauptsächlich der Feuerstein (Flint, Silex).

Erste ältere paläolithische Funde stammen in unseren Breiten aus der vorletzten Warmzeit.

Die Träger der jüngeren altsteinzeitlichen Kulturen treten in der Mitte oder gegen Ende der letzten Vereisung auf. Sie bringen einen tiefen Einschnitt in den Verlauf der menschlichen Entwicklung in Mitteleuropa, da mit den älteren Altsteinzeitkulturen auch die älteren mitteleuropäischen Menschengruppen wahrscheinlich nach Süden auswichen, jedenfalls verschwanden.

Die *Erfindung des Steinbeils* und sein Auftreten in den Fundschichten markiert für unser Gebiet den Beginn der *Mittelsteinzeit*, während erste *angeschliffene* Beile und Werkzeuge typische Kennzeichen *jungsteinzeitlicher Kulturen* sind.

Die *Altsteinzeit* Westeuropas hat mit nordafrikanischen und iberischen Kulturen durch viele Jahrtausende gemeinsam den *Faustkeil* als Leitwerkzeug. Im nördlichen Mitteleuropa bevorzugten andere am Ende der Altsteinzeit auftretende Gruppen schmale Federmesser aus scharfen Feuersteinklingen in zahllosen lokalen Varianten. Alle benutzten das Feuer, kannten aber noch nicht das Beil. So zerfallen die altsteinzeitlichen Kulturen in unterschiedliche Gruppen. Werkzeuge und Lebensstil unterscheiden sich stärker, als wir es von späteren jungsteinzeitlichen Epochen kennen. Diese Variationsbreite wird verständlich, wenn man bedenkt, daß sich die Altsteinzeit über einen Zeitraum von mindestens 400000 Jahren in Mitteleuropa erstreckte und Zeiten extremer Wärme mit idealem Klima wie auch lange Kaltzeiten umfaßte. Die Großwildjäger von Bilzingsleben, Lehringen und Gröbern bei Halle lebten in einer Zeit des Überflusses. Das Klima war um mehrere Grad wärmer als heute. Es wimmelte von jagdbarem Getier, Fischen und Vögeln. Eine üppige Vegetation lieferte an Kräutern, Beeren und Wildfrüchten, was das Herz begehrte.

Die Mammutjäger von Salzgitter-Lebenstedt dagegen schlugen sich ebenso wie die späteren Gruppen der Fosnakultur an der norwegischen Küste durch eine Welt des Mangels und der Kälte.

Die Entwicklung der Menschen der Altsteinzeit in Mittel- und Nordeuropa, ihr Lebensraum und ihre Lebensweise wurden durch den Wechsel von Kalt- und Warmzeiten geprägt, der zu recht verschiedenen Anpassungsformen geführt hat. Die meisten Funde stammen aus den klimatisch begünstigten Gebieten Spaniens und Frankreichs, wo die Siedlungsspuren nicht mehr durch Eisvorstöße verwischt wurden.

Von links nach rechts: Faustkeil (Altsteinzeit); Kernbeil (Mittelsteinzeit); geschliffenes Beil (Jungsteinzeit)

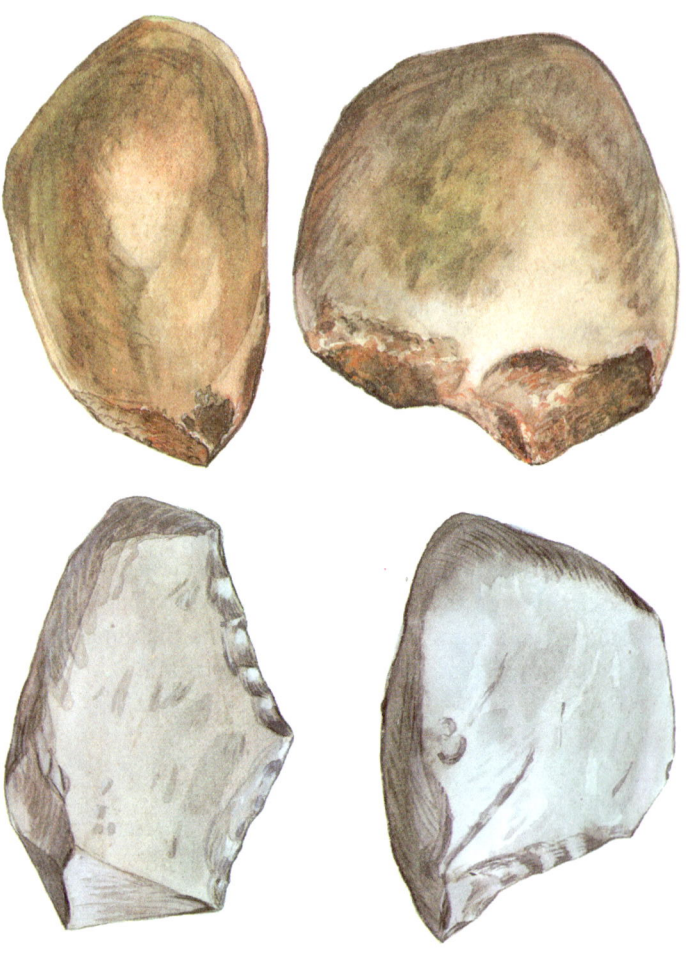

Die ältesten Funde: altsteinzeitliche Geröllgeräte vom Morsumkliff auf Sylt (oben) und aus der Steinrinne bei Bilzingsleben/Thüringen (darunter). Schon in der vorletzten Warmzeit, also vor etwa 450 000 Jahren (Sylt) und 350 000 Jahren (Steinrinne), wurden diese primitiven Werkzeuge aus Quarzit zurechtgeschlagen.

In Mittel- und Osteuropa ist die Folge der klimatischen Perioden sowie der eiszeitlichen und zwischenzeitlichen Kulturstufen im allgemeinen dieselbe wie in Frankreich und Ostspanien. Aber die mitteleuropäischen Kulturstufen decken sich nicht immer mit den westeuropäischen. Stärke, Ausdehnung und auch Dauer sind verschieden. Einige im Westen reich vertretene Fundgruppen fehlen völlig. Umgekehrt sind ausgeprägte Typen und Formen der Großsteingräberzeit des Ostens und Nordens den Megalithkulturen Frankreichs und Englands unbekannt.

Die ältesten zusammenhängenden Funde für unser Arbeitsgebiet liegen aus der vorletzten Warmzeit vom Morsumkliff auf Sylt (400 000 Jahre) und von Bilzingsleben in Thüringen (350 000 Jahre) vor. Aus einer wärmeren Phase der vorletzten Eiszeit vor 250 000 bis 245 000 Jahren stammen Schädelfunde aus Swanscombe an der Themse bei London und aus Steinheim am Main (200 000 Jahre). Wichtige saaleeiszeitliche Funde kommen aus Markkleeberg bei Leipzig, aber auch aus vielen anderen Orten Mitteleuropas.

Ein Gebiet in Südwestjütland zeigt noch die Formation der vorletzten Eiszeit und der letzten Zwischeneiszeit. Es blieb von der planierenden Gewalt der Gletscher der letzten Eiszeit verschont, die nach Süden nicht weiter als bis zur Linie Viborg — Holstebro und nördlich vom Nissumfjord vorstießen. Auf den Inseln und Dünen südwestlich dieser Linie könnten durchaus Lagerplätze altsteinzeitlicher Jäger gelegen haben. Feuersteingeräte, die in einer Kiesschicht an einem Steilufer am Isefjord bei Ejby Bro zusammen mit Muschelschalen gefunden wurden, sind primitiv behauen und ähneln englischen Fundstücken der ältesten Zeit. Dicht beieinanderliegende, der Länge nach von Menschenhand gespaltene Tierknochen deuten auf Mahlzeiten der Jäger, zumal die Knochen bei Hollerup und bei Esbjerg im Fundzusammenhang mit ältesten Feuersteingeräten lagen.

Wahrscheinlich aus der letzten Zwischeneiszeit stammen Flintklingen, die in einer Kiesgrube bei Seest in der Nähe von Kolding zusammen mit Knochen großer Säugetiere der Zwischeneiszeit geborgen wurden. Immerhin war das Meer dort in der letzten Zwischeneiszeit, die 50 000 Jahr anhielt, so warm wie das Mittelmeer.

In die letzte Warmzeit (Zwischeneiszeit) gehören auch Reste des frühen Neandertalers (180 000 bis 120 000 Jahre); von

Gänsejagd. Als ältester Bootsfund gilt ein Einbaum aus Schottland. Vor etwa 8000 Jahren wurde er durch Brandhöhlung aus einem Kiefernstamm herausgearbeitet.

den bekannten Fundstellen sollen nur Weimar-Ehringsdorf und Taubach in Thüringen genannt sein.

Während des letzten Eisvorstoßes waren vorwiegend in Westeuropa, aber gelegentlich auch in Mitteleuropa die späten, „klassischen" Neandertaler (zwischen 70 000 und 40 000 Jahren) verbreitet. Auch das bekannte Skelett aus dem Neandertal bei Düsseldorf sowie mehr als 130 weitere Funde von Neandertalern sind hier einzureihen.

Die klassischen Neandertaler stellen eine Sonderform innerhalb der Menschheitsentwicklung dar. Sie hatten sich den extremen Lebensbedingungen am Rande des Eises angepaßt, waren also in hohem Grade spezialisiert, starben dann aber doch wohl noch während der letzten Kaltzeit vor 35 000 Jahren aus. War ihre Widerstandskraft erschöpft? Wurden sie Opfer einer Seuche? Erlagen sie Mangelkrankheiten, etwa einer Devitaminose, hervorgerufen durch das Fehlen von Früchten und anderer Frischkost? Oder wurden sie, worauf viele Anzeichen hindeuten, von Gruppen stärkerer Menschen, denen Kannibalismus nicht fremd war, verdrängt?

Im Norden hielt die letzte Vereisung noch an, als aus dem Südosten ein neuer, kräftiger Menschentyp auftauchte, dessen mit vielen lokalen Varianten in Europa und Südwestasien weit verbreitete Kultur nach dem Fundort Aurignac in Südfrankreich benannt wurde. Zwischen 40 000 und 10 000 besiedelte er weite Gebiete Europas, soweit sie eisfrei waren. In den sich herausbildenden Mischformen (u. a. der Cro-Magnon-Mensch) tritt uns der Mensch im wesentlichen in seiner heutigen Erscheinungsform entgegen. Aus den Funden der Zeit um 10 000 v. u. Z. werden erstmals die heutigen Menschenrassen erkennbar. Alle gegenwärtig lebenden Menschen gehören zwar zur Art *Homo sapiens*. Aber wegen der außerordentlichen Formenmannigfaltigkeit der Menschheit wird eine verhältnismäßig große Zahl von Rassen unterschieden. Zeit und Ursachen ihrer Entstehung bieten noch zahlreiche ungelöste Probleme. Nach dieser Überblicksdarstellung anthropologischer Entwicklung im Zusammenhang mit dem Klima müssen wir noch rückblickend einige Bemerkungen zu den archäologischen Funden machen.

Am Ende der Altsteinzeit hat sich der menschliche Siedlungsraum bereits so weit nach Norden ausgedehnt, daß sich sogar im Rogaland im Südwesten Norwegens steinzeitliche Werkzeuge finden. Ganz vereinzelt sind auch Zeugnisse der Anwesenheit von Jägern der Altsteinzeit im Bereich der südlichen Ostsee von Eisschüben und Gletscherwasserströmen verschont geblieben. So wurden bei Hermannshagen und am Ahrenshooper Schifferberg im Kreis Ribnitz-Damgarten einige sehr interessante altsteinzeitliche Stielspitzen gefunden. Aber es sind Oberflächenfunde, deren Datierung oft problematisch ist.

Etwas besser steht es um die Datierung der Steinwerkzeuge vom Morsumkliff auf Sylt, auch wenn sie aus einer viel älteren Phase der Altsteinzeit stammen und immer wieder einmal zu Zweifeln Anlaß geben. Die nordfriesischen Inseln Sylt, Föhr und Amrum nehmen mit ihren geologisch relativ alten, pliozänen, also voreiszeitlichen Inselkernen — ähnlich wie die noch wesentlich älteren Buntsandsteinfelsen von Helgoland — im Küstengebiet eine besondere Stellung ein. Während der Warmzeit lagen sie als lockende Inseln im Meer, während der Kaltzeiten ragten sie als fruchtbare Geestinseln über die weiten, trockenen Sandflächen hinaus. Für eine Besiedlung boten sich hier seit Hunderttausenden von Jahren Voraussetzungen, wie sie sonst an keiner Stelle des Nordseeküstengebietes bestanden haben.

Durch ihre für Besiedlung und Wanderwege seit Urzeiten günstige Lage stellen die nordfriesischen Inseln neben Rügen das reichste archäologische Fundgebiet unserer Breiten dar. Bodenaufschlüsse boten am Morsumkliff und beim Roten Kliff beiderseits von Wenningstedt besonders gute Möglichkeiten zur Beobachtung und Datierung der Ablagerungen, die von Vereisungen und Warmzeiten bis in die Tertiärzeit stammen (K. Kersten). Hier konnte man auch mit Spuren voreiszeitlicher Kulturen rechnen. Tatsächlich fand man dann auch sehr bald einfache Geröllwerkzeuge aus kristallinem Gestein. Ähnliche Werkzeuge waren vorher bereits vom Elbufer bei Schulau und vor allem aus Südostengland bekannt. Feuersteingeräte sind aus diesen ältesten Zeiten noch nicht zu erwarten, da der in diesem Gebiet vorkommende Feuerstein erst im Verlauf späterer Vereisungen aus Dänemark verlagert und herausgeschoben wurde, ursprünglich also in dem Gebiet der südlichen Nordsee nicht vorkam.

Alle diese Geröllgeräte sind einseitig bearbeitet und nur zum Schaben, Kratzen oder Schneiden geeignet, nicht aber zum Schlagen. Sie unterscheiden sich dadurch wesentlich von den zweiseitig bearbeiteten Faustkeilen der gleichzeitigen Kulturen Westeuropas und Nordafrikas. Seit 1952 sind in Schleswig-Holstein und Dänemark mehrere hundert ähnliche Werkzeuge gefunden worden, die eine typologische Einschätzung und genauere zeitliche Einordnung gestatten: Die Geräte wurden von Nachkommen des Heidelberger Menschen hergestellt, die als Bindeglieder zwischen dem Heidelberger und dem Neandertaler anzusehen sind. Das Klima damals muß den heutigen Temperaturen am Schwarzen Meer geglichen haben.

Wir freuen uns über diese Funde, weil sie die Kenntnis über die älteste europäische Menschheitsgeschichte wesentlich gefördert haben. Aber es darf nicht verschwiegen werden, daß keinerlei Siedlungsspuren, weder Hüttenreste noch Feuerstellen, gefunden wurden. Zudem lagen fast alle Geräte und Werkzeuge sekundär in Moränenablagerungen der zweiten und dritten Vereisungsperiode. Die berühmten Faustkeile und altsteinzeitlichen Klingen aus dem Leinetal bei Hannover wurden aus einer überfluteten Kiesgrube herausgeschaufelt. Sie waren also von den uns noch immer unbekannten Lagerplätzen, wo Jäger und Wildbeuter sie liegengelassen hatten, durch Eisschub und Schmelzwasser umgelagert worden. Lediglich einige Geräte einer etwa 300 000 Jahre alten Schicht scheinen sich in ihrer ursprünglichen Lage befunden zu haben. Sie sind durch Feuer geglüht, dadurch brüchig und porös geworden, sie hätten Transport und Umlagerung durch Eisschub sicherlich nicht heil überstanden. Es ist anzunehmen, daß das Feuer von Menschenhand stammte, aber es läßt sich nicht beweisen.

So werfen die ältesten Spuren, die von Menschen in unseren Breiten hinterlassen wurden, vorläufig mehr Fragen auf, als daß sie Antworten geben. Erst auf diesem Hintergrund wird die weitreichende Bedeutung der Entdeckung zusammenhängender Funde deutlich, wie sie der Lagerplatz der Jäger von Bilzingsleben darstellt. Zusammenhängende Funde, Inventare aus datierbaren Schichten oder gar Siedlungsreste begegnen uns dann erst wieder aus erheblich späterer Zeit.

Im März 1948 legte der Bagger einer Kalkmergelgrube in Lehringen bei Verden in der westlichen Lüneburger Heide Teile eines riesenhaften Knochengerüstes frei, des Skeletts eines Mammuts, wie man annahm. Zahlreiche Feuersteingeräte und Abschläge in der unmittelbaren Umgebung verstärkten das Interesse. Als dann ein Museumsfachmann geholt wurde, gelangte ein sensationeller Fund unversehrt ans Tageslicht: Zwischen den Rippen des urtümlichen Riesentieres steckte ein fast 2,5 m langer Speer. Geologische und pollenanalytische Befunde ermöglichten eine einwandfreie Datierung. Vor etwa 150 000 Jahren haben Neandertaler in einem besonders günstigen Abschnitt (Klimaoptimum) der letzten Warmzeit nicht ein Mammut, sondern, wie sich herausstellte, einen ausgewachsenen Waldelefanten von fast 5 m Schulterhöhe zur Strecke gebracht. Die Spitze des Speers aus Eibenholz war im Feuer gehärtet worden. Das Tier ist in einem Kalkschlammtümpel zusammengebrochen, das Kalkwasser hat den guten Erhaltungszustand bewirkt. Mit Feuersteingeräten, die teilweise an Ort und Stelle hergestellt worden waren, haben die Jäger dann das Tier geschlachtet und Fleischstreifen abgetrennt. Im Zerlegen der Beute sind die Neandertaler offenbar Meister gewesen. Der Koloß hatte Stoßzähne von 25 cm Durchmesser und mag etwa 50 dt gewogen haben.

Der Schwerpunkt des Speers hat im hinteren Drittel des Schaftes gelegen. Im Gegensatz zum Wurfspeer muß es sich also um einen Stoßspeer gehandelt haben, den der heranschleichende Jäger dem Elefanten aus nächster Nähe in die weiche Unterseite des Körpers gestoßen hat. Das verwundete Tier hat sicher noch eine Zeitlang gelebt und ist geflüchtet. Offenbar hat es in dem Mergelteich Kühlung seiner Wunde gesucht und ist dann dort verendet. Von der ersehnten Jagdbeute konnten die Jäger allerdings nur die aus dem Wasser herausragenden Teile bergen. 1987 legte ein Bagger in Gröbern bei Halle ein noch wesentlich besser erhaltenes Skelett eines Waldelefanten frei. Feuersteinwerkzeuge deuten darauf hin, daß die Großwildjäger das Tier gleich zerlegten. Sicher war eine solche Jagd äußerst gefährlich und setzte auch eine gewisse Vorbereitung und Organisation voraus. An der Verfolgung des verwundeten Tieres, möglicherweise über weite Strecken, mußte eine größere Anzahl von Männern teilnehmen, was den Zusammenschluß zu einer Horde, aber auch schon geeignete Formen der Verständigung zur Voraussetzung gehabt haben muß.

Das Wort Horde kommt aus dem Tatarischen, wo urdu soviel wie Lager bedeutet. Diese Lagergemeinschaften mit den ersten Spuren arbeitsteiliger Organisation werden normalerweise nicht stärker als eine Großfamilie gewesen sein. Gruppen von 30 bis 50 Leuten schlugen ihre zeltähnlichen Windschirme aus Sträuchern und Fellen gern an sandigen Seeufern, auf Sandbänken oder in Stromschleifen auf, wo sie vor Hyänen, Wölfen und Bären geschützt waren, zur Tränke ziehendes Wild beobachten und aus dem Flußschotter Material für ihre Werkzeuge sammeln konnten.

Ein derartiges frühes Jagdlager mit einem fast „kompletten" Inventar wurde in Salzgitter-Lebenstedt entdeckt. Eine neue Kaltzeit hatte begonnen. Die Waldelefanten waren ausgestorben, die Riesenhirsche nach Süden ausgewichen. Eine sandige und moorige Grassteppe mit Moosen und Sauergräsern prägte die Landschaft. An die Stelle der Laubwälder, wie sie die Elefantenjäger von Lehringen erlebt hatten, waren anspruchslose Zwergbirken und Polarweiden, durchsetzt mit kümmerlichen Gruppen von Kiefern und Fichten, getreten.

Dieser Vegetation entsprach die Jagdbeute, deren Überreste von der am Ufer eines Teiches kampierenden Horde ins Wasser geworfen worden waren. Achtzig Rentiere, sechzehn Mammuts, sechs Wisente, vier bis sechs Wildpferde, zwei Nashörner, Reste von Flußbarsch und Hecht sowie von Schwan, Ente und einem sehr seltenen Ohrengeier und Knochen von einem Wolf konnten im Fundmaterial nachgewiesen werden. Das scheint für eine kalte, armselige Gegend eine reiche Jagdbeute gewesen zu sein. Aber es läßt sich schwer abschätzen, wie lange diese Station benutzt wurde, vielleicht mehrmals während der sommerlichen „Jagdsaison".

Zu kurz sollte man die Zeitspanne wohl nicht veranschlagen. Außer Tausenden von Abschlägen fanden sich Hunderte brauchbarer Faustkeile, Messer, Schaber, Kratzer und Lanzenspitzen.

Die Horde von Salzgitter verfügte auch über einwandfreie Knochengeräte. Auf gesonderten Arbeitsplätzen verstanden sie es, Rengeweihe so herzurichten, daß sie handliche Äxte und Hämmer abgaben. Aus Mammutrippen arbeiteten sie scharfe Dolche und Speerspitzen. Es fand sich eine 7 cm lange Widerhakenspitze, die als die älteste ihrer Art überhaupt gilt, eine Vorgängerin der erst wesentlich später auftretenden Harpunen.

Man wohnte dort vor 70 000 bis 50 000 Jahren wahrscheinlich in einfachen Zelten, wie sie heute noch in den nördlichen Tundren üblich sind. Über ein einfaches Stangengerüst wurden Felle gehängt und am Boden mit Steinen beschwert. Solche Steine, die einen Kreis von 5 m Durchmesser bildeten, fanden sich noch am Rande eines Teiches. Die übrigen Zelte dürften an dem archäologisch nicht erschlossenen Talhang gestanden haben.

Zwei menschliche Hinterhauptknochen von dieser Fundstelle machen es wahrscheinlich, daß die Jäger von Salzgitter Neandertaler waren, also nicht den schon während der letzten Eiszeit aus dem Südosten auftauchenden Menschenschlag repräsentierten, der längere Zeit neben dem Neandertaler lebte.

Am Fundplatz Salzgitter läßt sich nun — ähnlich wie auch in Predmost in Mähren — ein Hauptproblem der heutigen Forschungen zur Altsteinzeit erkennen: Lassen sich für die Altsteinzeit in Europa zwei oder drei geschlossene, in sich gleichartige Kulturkreise mit gewissen Entwicklungszentren nachweisen? Oder ist auch schon für diese frühe Zeit mehr mit „komplexen", gemischten Fundgruppen zu rechnen?

In der vorangegangenen Warmzeit mit ihren wildreichen Urwäldern waren größere Wanderungen der Wildbeuter (Sammler und Jäger) nicht nötig gewesen. Man siedelte an günstigen Seeufern, lebte aber abgeschlossen, jede Gruppe für sich. Werkzeuge und Geräte waren recht einheitlich und typisch für jeden Siedlungsplatz. West- und Mitteleuropa bieten dafür zahlreiche Belege, die das Verbreitungsgebiet einzelner Formen-und Kulturgruppen hier erkennen lassen.

Der große Rastplatz der Mammutjäger von Salzgitter-Lebenstedt bietet ein ganz anderes Bild. Die klimatischen Bedingungen hatten sich erheblich verschlechtert, eine neue Vereisung ließ den Wald völlig verschwinden. Verschiedenartige altsteinzeitliche Kulturlinien scheinen nun in Salzgitter zusammengetroffen zu sein, ohne daß es schon zu einer den neuen klimatischen Bedingungen angepaßten Einheit gekommen wäre. Faustkeile, Handspitzen, Blattspitzen, mannigfaltige Schaberformen, Schmalklingen und Knochengeräte verschiedenster westlicher, südlicher und südöstlicher Kulturkreise fanden sich im Fundhorizont eines Lagerplatzes. Und doch lassen diese Geräte den Kreis ihrer Herkunft noch klar erkennen.

Diese uneinheitliche, komplexe Kulturstufe von Salzgitter ist nur so zu erklären, daß durch den Rückgang der Wälder und das dadurch bedingte weite Umherstreifen des Wildes der Lebensraum „weiträumiger" geworden war. Um dem Mammut zu folgen, waren weite Wanderungen der Jägerhorden notwendig. An geschützten oder jagdlich besonders günstig gelegenen Landschaftspunkten trafen sich dann umherschweifende Menschengruppen aus den verschiedensten Lebensräumen und den entlegensten Gegenden.

Diese Begegnungen führten zum Erfahrungsaustausch, zu neuen Gemeinschaften und Kulturkreuzungen. So ergibt sich an den großen früheiszeitlichen Rastplätzen eine bunte Palette von Funden, in der mehr oder weniger alles vertreten ist, was bis dahin an einzelnen Formenkreisen und Werkzeuggruppen unter wahrscheinlich sehr unterschiedlichen Lebensbedingungen überhaupt existierte.

An diesem Beispiel wird deutlich, warum schon für die Altsteinzeit jeder Versuch scheitern muß, zwei oder drei „Hauptströmungen" europäischer Kulturentwicklung auch nur als Arbeitshypothese anzunehmen.

Leider ist die Station von Salzgitter-Lebenstedt für den Norden bisher ein Einzelfund geblieben. Die zeitlich „nächsten" Fundgruppen, nämlich das Zeltlager von Borneck/Ahrensburg und die Opferteiche der Renjäger von Stellmoor und Meiendorf, beide bei Hamburg, erschließen uns Freilandstationen erst vom Ende der letzten Vereisung, also mindestens 70 000 Jahre nach der Zeit der Mammutjäger von Salzgitter.

So ist die wichtigste Epoche der Herausbildung der Urgesellschaft zwischen 40 000 und 20 000 in unserem Arbeitsgebiet nur durch spärliche Fundplätze und Einzelfunde vertreten, die zuverlässige Aussagen über eine sozialökonomische Formierung nicht zulassen. Selbst in Teilbereichen sind Anfänge der Wirksamkeit gesellschaftlicher Gesetze — obwohl sicher schon vorhanden — nicht zu erkennen. Nicht einmal für die Richtung der Wanderbewegungen am Eisrand oder über die Winterquartiere der Renjäger sind genaue Angaben zu erbringen, ebensowenig wie über die Herkunft der ersten Ackerbauern, der jungsteinzeitlichen Trichterbecherleute.

Erkenntnisse über bestimmte Entwicklungstendenzen, den Übergang zu organisierter Arbeit und die Vervollkommnung des Arbeitsprozesses müssen aus fundreicheren Gegenden mit einer größeren Anzahl gut erhaltener Siedlungsplätze gewonnen werden. Erst die Auswertung der unvergleichlich reicheren Funde von den Lagerplätzen der Mammutjäger von Predmost in Mähren, Willendorf und Lang-Mannersdorf in Österreich und in Weimar-Ehringsdorf lassen uns die Menschen mehr und mehr als Ensemble gesellschaftlicher Verhältnisse erkennen.

Allein die Fundstelle von Predmost gab Skelette von mehr als 1000 Mammuts, ungezählte, kunstvoll bearbeitete und verzierte Knochen und Geweihteile und mehr als 100 000 Steinwerkzeuge frei.

In Lang-Mannersdorf fanden sich am Lagerplatz geglättete Sandsteinplatten, auf denen die Beute offensichtlich zerlegt worden war. Die Platten hatten gewissermaßen als Tisch und Teller zugleich gedient und einer acht-bis zehnköpfigen Familie Platz geboten. Zwei Meter neben der steinernen Tafel fand man eine kreisrunde Kochstelle. Einen säuberlich aufgeschichteten Vorrat an Brennmaterial hatten die Mannersdorfer Bewohner zurückgelassen, sicherlich in der Hoffnung, gelegentlich zurückkehren zu können.

Um die Kochstelle herum zeichneten sich im Lößboden deutlich drei Pfostenlöcher ab, Spuren der mit Knochen und Geweihstangen verkeilten Holzpfähle, die den Bratspieß der Mammutjäger getragen hatten.

In Frankreich, Holland und bei Kiew in der Ukraine hat man neuerdings nun auch einige der so lange gesuchten Winterquartiere der altsteinzeitlichen Jäger entdecken können. Es zeigten sich gut erkennbare Hüttengrundrisse, Herde mit Rauchabzug und Flechtwände mit Holzverkleidung. Am Stand der Geweihbildung der vom Menschen erlegten Rentiere und Hirsche kann man erkennen, ob der Lagerplatz nur im Winter oder im Sommer bewohnt war.

Angesichts des dürftigen Materials im Nordsee-Ostsee-Gebiet müssen andere Gegenden das Anschauungsmaterial für das erste Auftreten des Menschen im Norden liefern.

Schon für Taubach bei Weimar hatte man beispielsweise mit Fallgrubenjagd auf Waldelefanten und Doppelnashörner gerechnet, wie sie aus Les Eyzies (Cro-Magnon) bei Bor-

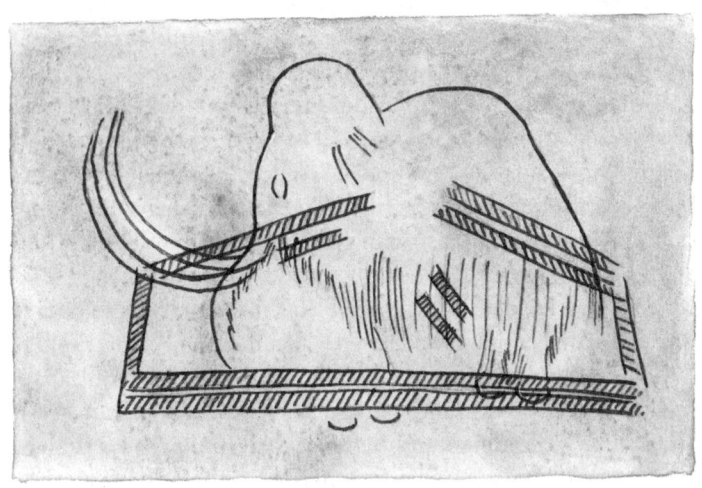

Mammut in einer Fallgrube. Felszeichnung aus Frankreich

deaux mit einer planmäßigen Anlage von 21 Gruben bekannt war. Nun fand sich eine ähnliche Anlage auch bei Ketzin an der Havel. Eiszeitliche Jäger hatten einen Wildwechsel zur Tränke so geschickt blockiert, daß die Gruben einer Reihe jeweils die Lücken der davorliegenden Reihe ausfüllten. Die 2 bis 3 m tiefen Gruben mußten mit den Händen ausgehoben werden, sofern nicht Schulterblätter erlegter Tiere als Schaufeln und größere Knochen und Geweihstangen als Hacken benutzt wurden. Aber selbst bei gutem Jagdglück blieb das eingebrochene, vielleicht sogar auf einen angespitzten Pfahl gestürzte Tier ein gefährlicher Gegner.

Richtig ist sicherlich trotzdem, daß der Mensch der Altsteinzeit nicht „ständig und überall einen ihn täglich voll beanspruchenden Kampf zur Existenzsicherung zu führen hatte", daß er eine aus unserer Sicht unökonomische Lebensweise führte und bei seinen begrenzten materiellen Bedürfnissen keine materielle Interessiertheit an einem Mehrprodukt hatte. W. Mohrig meint, daß der Altsteinzeitmensch „bei einigermaßen günstigen Naturverhältnissen nur wenige Stunden des Tages mit der Sicherung des Lebensunterhaltes beschäftigt" war und dadurch über einen hohen Anteil an Zeit verfügte, „der mit Schlaf, Erholung und spielerischer Beschäftigung verbracht wurde". Das gilt sicherlich für die Altsteinzeitmenschen der Warmzeiten, also etwa für die Elefantenjäger von Lehringen bei fast subtropischem Klima.

In den Kaltzeiten werden die Herstellung der zahlreichen Werkzeuge aus Knochen und Geweih, die schwieriger werdende Jagd auf das wandernde Wild, die Fellbearbeitung, Kleidungssorgen und vor allem die Beschaffung von Brennmaterial viel Zeit in Anspruch genommen haben. Die kräftigsten beim Lagerfeuer von Stellmoor verwendeten Holzscheite hatten eine Stärke von 2 bis 3 cm. Man hat also dort in der unwirtlichen Tundra bessere „Strauchfeuer" unterhalten. Wie viele Stämmchen und Zweige mag man da wohl abgehackt, abgebrochen und herangeschleppt haben, um etwas Wärme zu bekommen und Schutz vor Raubtieren zu finden? Ein geschlachtetes Ren wird sicherlich mancherlei hungriges Getier angelockt haben.

Aber noch eine andere Tatsache stimmt nachdenklich, nämlich ob die Menschen damals wirklich so sorglos gelebt haben. Der Neandertaler hatte eine Lebenserwartung von 29 Jahren. Zahlreiche Untersuchungen von frühgeschichtlichen Bestattungen zeigen, daß das Durchschnittsalter auch noch bis weit in die Bronze- und Eisenzeit hinein für Frauen aus verschiedenen Ursachen bei 27 Jahren und für Männer bei 35 Jahren lag. Bei diesen Zahlenangaben ist die hohe Kindersterblichkeit nicht berücksichtigt. Kinderbestattungen sind heute nur noch selten erkennbar. Man muß aber annehmen, daß etwa 50 Prozent der Kinder das zweite Lebensjahr nicht erreichten.

Die Skelette der Menschen weisen auch noch in viel späterer Zeit fast durchweg Wirbelsäulenschäden, Mangelerkrankungen und schwere Abnutzungserscheinungen an den Gelenken auf, die auf erhebliche körperliche Beanspruchung bei einseitiger Ernährung hindeuten. Mit 35 Jahren waren die Menschen damals alt und verbraucht.

Das stark begrenzte biologische Alter schließt nicht aus, daß auch im Norden schon einzelne Menschen das biblische Alter von 70 bis 80 Jahren erreichten, vor allem in den Warmzeiten mit einem reicheren Vorkommen von eßbaren Früchten und Pflanzen. Millionen von Haselnußschalen machen deutlich, daß sich für altsteinzeitliche Sammler und Jäger in den Kaltzeiten das Angebot an Frischkost außer auf Fleisch und Fisch auf Haselnüsse reduzierte. Diese letzten Vitaminträger konnte man aber immerhin längere Zeit aufbewahren. Zur Zeit der Renjäger fand nicht einmal mehr der Haselstrauch Lebensmöglichkeiten. Für eine kurze Zeit des Jahres werden dann vielleicht noch Moosbeeren und Preißelbeeren eine magere Zukost — allerdings mit einem hohen Vitamin-C-Gehalt — gewesen sein.

Wahrscheinlich hat auch das Isländische Moos im Ernährungshaushalt des Eiszeitmenschen eine bedeutende Rolle gespielt. Dieses etwa 10 cm hohe Moos mit einem hohen Gehalt an Vitaminen, Bitterstoffen und Kohlehydraten wird noch heute im hohen Norden geradezu als eine Wunderpflanze angesehen. Im Frühjahr wird man junge Triebe der Zwergbirke

gekaut haben, die in Verbindung mit Hemizellulose Zucker enthalten.

Erst mit dem Aufkommen einer Vorratswirtschaft über ein Jahr hinaus stieg das durchschnittliche Lebensalter merklich an. Als man mehr Getreide produzierte, als bis zur nächsten Ernte benötigt wurde, und diese Vorräte über einen längeren Zeitraum aufzubewahren und vor Verderb und Ungeziefer zu schützen lernte, überstand man auch schlechtere Jahre und Mißernten ohne größere körperliche Schäden.

Die Herdenhaltung gezähmter Tiere gestattete das Schlachten bei Bedarf, erforderte aber andererseits das Anlegen gewisser Futtervorräte für die kältere Jahreszeit. Eine bessere und geregelte Ernährung brachte nicht nur einen Rückgang der Mangelkrankheiten und eine längere Lebensdauer, sondern ließ auch die Durchschnittsgröße des Menschen seit der Mittelsteinzeit deutlich anwachsen. Dazu wird wohl die Gewinnung der Milch von Schafen und Ziegen und dann von Kühen und Stuten wesentlich beigetragen haben. Wir können uns heute kaum noch vorstellen, wie mühselig der Weg vom Einfangen und Zähmen eines Wildschafes bis zur Züchtung eines Milchschafes gewesen sein muß.

Milchgewinnung und Käsebereitung sind entscheidende Stationen auf dem Wege menschlicher Entwicklung. Mit welcher Liebe und Ausführlichkeit berichtet Homer über bronzezeitliche, mykenische Traditionen der Milchgewinnung und Käsebereitung im Mittelmeergebiet! „Das Land, in dem Milch und Honig fließen..." Mit diesen Stichworten kennzeichneten ewig hungrige Nomaden der Bronzezeit das vor ihnen liegende fruchtbare Land Kanaan. Die Bibel überliefert, daß die vorausgeschickten Kundschafter als überaus wichtiges Produkt des Kulturlandes erstes Obst, nämlich kultivierte Weintrauben, vorzeigten und damit den Anstoß zur Eroberung des Landes gaben.

Die Sage von Prometheus gehört zu den bedeutungsvollsten und tiefsinnigsten Schöpfungen der griechischen Sagenwelt. Prometheus entwendete das Feuer vom Olymp, um es

Tundralandschaft

Ziegenhörniges Schaf (Widder) von den Färöern. Diese Rasse starb im 19. Jahrhundert aus. Die ältesten Schafe der Vorzeit Jütlands und Rügens haben wahrscheinlich ebenso ausgesehen: zierlich und mit hellen Haarflecken, besonders am Hals.

den Menschen zu bringen und dadurch die Grundlage aller Kultur zu legen. Es ist eigenartig, daß auch bei anderen Völkern ähnliche Sagen über den Ursprung des Feuers bestehen — mit List vom Götterberg entwendet. Das Wissen um die erstaunliche denkerische Leistung des Menschen bei der Nutzung des Feuers findet in dieser Erzählung einen Niederschlag.

Von der ersten zufälligen Begegnung mit dem Feuer bis zur Bändigung dieser Naturgewalt war es sicher ein unvorstellbar langer Weg. Der wesentliche Schritt zur Bewältigung der

Umwelt war — nach der Überwindung der Angst vor dem Feuer und der gelegentlichen Nutzung — erst die *Erzeugung* des Feuers, und zwar an dem Platz, wo es gebraucht wurde, und dann seine Pflege.

Das Lagerfeuer wurde zum Mittelpunkt der Gruppe und schuf das Gefühl der Geborgenheit und des Zuhauseseins. Das Feuer erst ermöglichte es, Nahrungsmittel schmackhafter und durch das Aufschließen der Proteine besser verdaulich zu machen. Gleichbleibende Wärme, Licht sowie Schutz vor wilden Tieren und zudringlichen Mückenschwärmen waren auch gegeben.

Wie der Mensch auf die Benutzung und Erzeugung des Feuers kam, können wir nur aus den primitiven Feuerzeugen heutiger Naturvölker erschließen. Es sind einerseits Feuerbohrer und Reibgeräte und andererseits Schlagfeuerzeuge, mit denen es heute noch manchem Naturmenschen gelingt, in Sekundenschnelle Feuer zu entzünden. Zum Feuerbohren wird ein spitzer, harter Holzstab in weicherem Holz schnell gedreht; dabei entsteht Holzmehl, das durch die Reibung bald zu glimmen anfängt. Bei Feuerreibern geschieht ähnliches durch Aneinanderreiben zweier Hölzer. Das Wesentliche an dieser Art der Feuererzeugung ist außer der starken Reibung vor allem ein Zunder, also Holzmehl, das beim Bohren entsteht. Aber mit dem Glimmen des Zunders allein ist es nicht getan. Er muß durch Blasen zur offenen Flamme entfacht werden.

Bei den Schlagfeuerzeugen werden Kiesel oder Feuersteine gegeneinander oder auf Pyrit (Schwefelkies) geschlagen. Kleine, abspringende Teilchen kommen zum Glühen. (Knollen von Schwefelkies kann man noch heute am Ostseestrand in Sedimentgesteinen finden.) Aber auch beim Feuerschlagen ist eine Art Zunder nötig, sonst ist alle Mühe vergebens. Meist sind getrocknete und zerriebene Pflanzen dazu benutzt worden. Anhäufungen von Baumschwämmen im Bereich vorgeschichtlicher Lagerplätze lassen vermuten, daß sie erst weichgeklopft und dann als Feuerschwamm verwendet wurden.

Baumschwämme wurden noch im vorigen Jahrhundert mehrere Wochen in Wasser geweicht, mit Salpeterlösung ge-

Schlagfeuerzeug mit Schwefelkies und Feuersteinklingen

tränkt, in dünne Scheibchen geschnitten, getrocknet und mit Holzhämmern weichgeklopft. Mit trockenem Moos und Gras wurde dann der glimmende Zunder zum Brennen gebracht. Auch Holzmulm, mit etwas Salpeter und zerriebener Holzkohle versetzt, ergibt einen vorzüglichen Zunder.

Feuermachen ist also durchaus nicht so schwierig, wie man annehmen möchte. Da schon die ältesten Menschen Feuerstein bearbeitet und damit wiederum Geräte aus Holz, Speerschäfte und Pfeile hergestellt haben, darf man wohl annehmen, daß sie dann leicht auch einmal auf die Feuererzeugung gekommen sind, sei es durch Reiben von Holz oder durch springende Funken beim Schlagen von Feuerstein.

Die frühesten Jägergruppen, die wir im Norden bisher kennengelernt haben, nutzten das Feuer bereits. Selbst auf den ältesten Jagdstationen in Holstein zeigen sich Spuren des Feuers als ständige Begleiterscheinung menschlicher Anwesenheit.

Pfeil mit eingesetzter Feuersteinspitze und Widerhaken, die mit Pech und Kiefernharz befestigt waren (Moorfund in Jütland 1950)

Sicher ist auch, daß diese ersten nomadisierenden Bewohner längst über eine ausgebildete Sprache, eine voll entwickelte Beweglichkeit der Hand und große Fingerfertigkeit verfügten. Allein schon das Bearbeiten und Einsetzen von Feuersteinsplittern in Pfeile und Harpunen verlangte einen feinfühligen und sicheren Griff.

Anthropologen konnten an der ungleichen Ausbildung der entsprechenden Schädelpartien feststellen, daß schon der Mensch der älteren Altsteinzeit weitgehend Rechtshänder war. Dieser Spezialisierungsgrad ist bei Menschenaffen nicht einmal andeutungsweise vorhanden.

Die Stadien dieser Entwicklung sind für uns nicht erkennbar, aber der Übergang vom tierischen Wesen zum *Homo sapiens* ist sicher außer durch andere Merkmale durch die Herausbildung der *Sprache* und die Vervollkommnung der *Hand* sowie die *Erzeugung des Feuers* wesentlich mitbestimmt worden.

Hier liegen unzerstörbare materielle und geistige Grundlagen des kulturell-technischen Aufstiegs der Menschheit. Als weitere markante Stationen sollen außer der schon erwähnten Gewinnung der *Milch* die Erfindung von *Messer, Beil* und *Pflug* genannt sein.

Schneidende, gerade Klingen und damit das Prinzip des Messers brachten die ersten Einwanderer bereits in das nördliche Mitteleuropa mit. Das Beil dagegen wurde erst nach der letzten Eiszeit in unserem Gebiet erfunden, es kennzeichnet den Beginn eines neuen Abschnitts der Menschheit: die Mittelsteinzeit. Dabei muß offenbleiben, ob das Beil nicht auch in

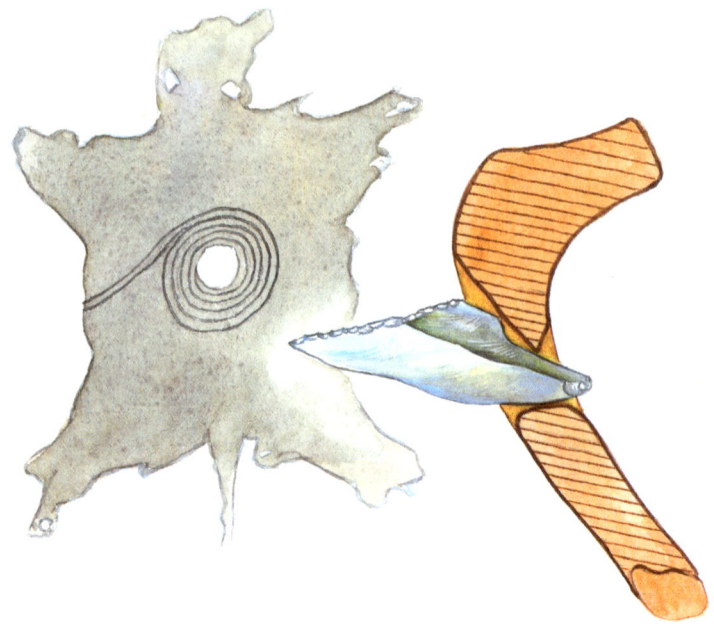

Herstellung eines langen Lederriemens aus einem gegerbten Fell. Der „Riemenschneider" und die rezent eingesetzte Flint-Kerbspitze stammen aus Meiendorf.

anderen Gebieten der Erde, unabhängig voneinander, eingeführt wurde. Die Nutzung des Pfluges gehört einer noch späteren Epoche, der Jungsteinzeit, an.

War die Erfindung des Messers wirklich so lebenswichtig? Die Vorfahren des Menschen hatten ohne Messer gelebt. Schon mit der bloßen Hand konnte der Mensch viel ändern, er konnte sammeln, wegräumen, abreißen, zusammenfügen, binden, wägen, halten und drücken. Mit der Faust konnte er zuschlagen. Kleinere Fleischbrocken ließen sich mit den Zähnen und Nägeln zerlegen und zerreißen. Aber größere Fleischstücke von Beutetieren abzutrennen und an die Familie zu verteilen, Lederhäute zu Riemen zu verarbeiten, biegsame Äste zum Binden und Flechten abzuschneiden, dazu benötigte der Mensch ein Messer. Ein Schneidewerkzeug war also notwendig, wenn die Möglichkeiten der Nutzung der Natur erweitert, ja eigentlich erst recht erschlossen werden sollten.

Insofern steht das Messer weit mehr als Schlagstein und Feuer am Anfang der Technik.

Mit dem Messer zu schneiden — das war eine neue, spezifisch menschliche Erfindung auf der Erde. Das Schneiden als Verfahren und das Messer als Werkzeug konnten weder irgendeinem Naturvorgang nachgeahmt werden, noch waren sie in körperlichen Organen oder Funktionen in nennenswerter Weise vorgebildet. Selbst unsere sogenannten Schneidezähne haben eher eine Reiß- als eine Schneidefunktion. Schneiden war wie das Anzünden eines Feuers ein neues, eigenständiges Verhalten zur Umwelt. Dieses denkende und arbeitende Eingreifen des Menschen in die Natur steigerte dann seine Bedeutung durch alle Wandlungen der Kulturgeschichte hindurch bis heute.

Wesentlich am Messer ist die scharfe Schneidekante, die einen gleichmäßig durchgezogenen Schnitt gestattet. Wie und woraus sie hergestellt und wie sie gehandhabt wird, ist von untergeordneter Bedeutung.

Lange Messerklingen aus Dummerstorf bei Rostock. Die Erfindung des Messers, für das es in der Natur kein Vorbild gibt, war ein bedeutsamer technischer Fortschritt. Diese ursprünglich geschäfteten Klingen ermöglichten dem Menschen der Jungsteinzeit die Ausführung scharfer, gerader Schnitte.

Beil und Pflug, Erfindung und Kennzeichen des Bauern der Jungsteinzeit, sind im Grunde weiterentwickelte, in der Wirkung verstärkte Schneidegeräte. Noch besser als das einfache Messer sind sie geeignet, Holz zu teilen und zu trennen bzw. die Bodenkruste aufzuschneiden und aufzubrechen. Die Nutzung von Holz und Boden ließ sich dadurch gewaltig vergrößern. Nun erst konnte der Mensch den Busch, den Baum, das Beutetier, das Fell und das Geweih in paßgerechte Stücke zerlegen, die seinen menschlichen Organen und seinen Bedürfnissen entsprachen.

Schneidende Klingen kannten auch schon die ersten Jäger, die vor etwa 15000 Jahren den Renherden bis in die Gegend von Hamburg nachzogen. Die Gletscher der letzten Vereisung waren bis Südschweden hinauf abgeschmolzen. Weite Gebiete der südlichen Nordsee, der Bereich der heutigen dänischen Inseln und die südliche Ostsee lagen trocken und waren mit Sand und Gletscherschutt bedeckt. Bei ständig wärmer werdendem Klima bildeten in der vom Eis aufgewühlten Moränenlandschaft Birken, Kiefern, Polarweiden und Wacholder einen ersten geschlossenen, aber kaum meterhohen Bewuchs. Das europäische Mammut, das Wollnashorn und der Höhlenlöwe waren bereits ausgestorben, aber Rentiere durchzogen das Gebiet. Ihnen folgten zunächst von Südwesten und später von Südosten her Gruppen von Jägern. Während im südwestlichen Mecklenburg (Kreis Sternberg) und im Havelgebiet bisher nur vereinzelte Werkzeugfunde ihre Anwesenheit verraten, gelang es A. Rust, in der Umgebung von Hamburg mehrere Rastplätze der Renjäger aus verschiedenen Epochen der Altsteinzeit aufzufinden.

Die späteiszeitlichen Zeltlager von Borneck, Poggenwisch und Hasewisch gehören der Hamburger Stufe der Renjäger vor etwa 15000 Jahren an, ebenso die Geräte von Crivitz, Kr. Sternberg. Die von A. Rust entdeckten Wohnplätze und Opferteiche von Ahrensburg, Meiendorf und Stellmoor sind wesentlich später benutzt worden, nach berichtigter Kohlenstoff-14-Datierung vor etwa 10000 Jahren.

Das wichtigste Jagdtier war zu dieser Zeit noch das Ren, aber es finden sich auch schon vereinzelte Hinweise auf er-

Rekonstruktion einer Jägerhütte vom Ende der Altsteinzeit. Die Feuerstelle lag im Innern der Hütte, der Durchmesser der Hausstelle betrug etwa 7 m.

legte Wisente und Wildschweine. Elch und Wildpferd sind als Einzelfunde zu bezeichnen.

Diese interessante Schicht wird als Ahrensburger Stufe bezeichnet, der in Dänemark der allerdings noch recht seltene Fundhorizont von Alleröd entspricht. Von der Ahrensburger Stufe führen direkte Entwicklungs- und Verbindungslinien nach Mecklenburg, zum Fischland und nach Rügen. Es sind freilich nur wenige Stücke, steinerne Stichel und angeschnittene Rengeweihstangen, die schon vor längerer Zeit im Nonnensee bei Bergen/Rügen und dann beim Räumen eines Grabens im Garzer Moor zutage traten. Aber sie geben uns immerhin die erste Kunde von Menschen auf Rügen aus einer Zeit, die rund 10000 Jahre zurückliegt.

In der sehr viel wärmeren und trockeneren frühen Nacheiszeit war die eiszeitliche Tundra bereits lichten Wäldern mit Birken, Kiefern und Zitterpappeln gewichen. Außer den schon erwähnten Tieren breiteten sich nun auch Hirsch, Reh,

Nordischer Vielfraß, Biber und Sumpfschildkröte in Mecklenburg und Holstein aus. Die Temperaturen lagen einige Grad über denen unserer heutigen Witterungsverhältnisse.

Den Mittelpunkt des ältesten im nördlichen Europa bekannten Lagerplatzes, Borneck bei Ahrensburg in Holstein, bildete ein großes Zelt von 7 m Länge, das immerhin 40 m² umschloß. Der Fußboden war mit Kopfsteinen gepflastert. Der Grundriß glich einem Schlüsselloch. Im großen, runden Wohnraum befand sich eine offensichtlich lange benutzte Feuerstelle. Den Rauchabzug müssen wir uns im Bereich des Zeltfirstes vorstellen. Ein kleineres Vorratszelt war mit dem Hauszelt durch einen unterteilten, gedeckten Gang verbunden. Durch sorgfältige Kleinarbeit gelang es A. Rust, sogar das Profil eines kleinen Grabens mit Wall am Zeltrand nachzuweisen. Man wußte sich also auch schon damals vor eindringendem Regenwasser zu schützen.

Ähnliche Zeltkonstruktionen sind noch heute bei den Karibu-Eskimos in Kanada gebräuchlich. A. Rust schloß aus der Wohnlichkeit der Anlage, daß die Renjäger sich an diesem Ort für längere Zeit niedergelassen hatten. Ihr heizbares Hauszelt könnte ausgereicht haben, auch die kalten Wintermonate in guter Verfassung zu überstehen.

Einen anderen Grundriß hatte ein weiteres Zelt der Hamburger Stufe, ebenfalls in Borneck. Ein Innenzelt mit hufeisenförmigem Grundriß von 2,50 m x 3,50 m Größe war durch ein Außenzelt von 5 m Durchmesser gegen Witterungseinflüsse geschützt, also ein ovales Zelt mit Überzelt. An fünf schweren Felsbrocken hatte man die Zeltleinen befestigt und durch zahlreiche kleinere Steine und Erdaufwurf die Zeltdecken und Felle am Boden festgehalten. Unmittelbar vor dem Eingang des Außenzeltes befand sich in einer mit Steinen ausgelegten, flachen Mulde die Feuerstelle. Dicht daneben zeigte sich auf einer Fläche von wenigen Quadratmetern eine große Anhäufung von Feuersteinen, Abschlägen, Amboßsteinen und zurechtgeschlagenen Steinplatten, die als Sitzsteine eines vor dem Zelt gelegenen Arbeitsplatzes gedeutet wurden.

Von 4000 bearbeiteten Feuersteinen lagen nur 100 innerhalb des Zeltes. Die Westseite des Lagerplatzes war völlig

Altsteinzeitliches doppelwandiges Sommerzelt. Durch besonders günstige Umstände blieben auf dem Lagerplatz von Borneck bei Hamburg Reste jungpaläolithischer Zeltanlagen erhalten.

fundleer, so daß hier die Hauptwindrichtung vermutet werden könnte. Gegen eine damals vorherrschende Ausrichtung spricht allerdings die Tatsache, daß die Hauptachse der Zelte in Borneck in Nord-Süd-Richtung, beim Zelt in Poggenwisch aber in Ost-West-Richtung wies.

Aus der Tatsache, daß Feuerstelle, Arbeitsplatz und die meisten Feuersteingeräte außerhalb des Zeltes lagen, ist zu schließen, daß man im Freien gearbeitet hat und das Zelt vielleicht nur abends und bei Regen aufsuchte. Offensichtlich ist dieses Zelt auch nur im Sommer benutzt worden.

Für das Zelt auf dem Lagerplatz von Poggenwisch ist die Frage der jahreszeitlichen Nutzung noch ungeklärt. Die Feuerstelle lag dort direkt vor dem 4 m breiten Eingang des geräumigen Zeltes. Ein gesonderter Arbeitsplatz in der Umgebung ließ sich nicht nachweisen. Die Mehrzahl der Feuersteingeräte und Abschläge lag im Zelt. Ob man daraus schon auf eine winterliche Niederlassung schließen darf, ist bis heute umstritten. Leider lassen auch die dort gefundenen Beutereste keine jahreszeitlich bedingten Wachstumsstadien, etwa am Geweih, erkennen, an anderen Fundorten sonst ein sehr wichtiger Hinweis für den Archäologen.

In der gleichen, nach Nordwesten geschützten und nach Südosten offenen Talrinne mit sandigen Hängen, dem Standort der Zelte, lagen auch die von A. Rust entdeckten Jagdstationen und Opferteiche von Meiendorf und Stellmoor.

Die Nacheiszeit hatte weitere Erwärmung gebracht, das Inlandeis war weit nach Norden zurückgewichen. Erste Birken und Kiefern durchsetzten die Tundra. Aber immer noch verhinderten schwere Kälteeinbrüche und Klimarückschläge, die es in den ersten Jahrtausenden der Nacheiszeit nicht gegeben hatte, ständige menschliche Siedlungen. Das Ren bildete auch weiterhin die Grundlage der Lebenshaltung der Jägerbevölkerung. Zweimal im Jahr zogen die großen Renherden durch das Ahrensburger Tunneltal, im Frühjahr nach Norden, im Spätsommer nach Süden. Von diesen Wanderungen waren die Jäger abhängig, auf ihre Nutzung spezialisiert.

Offenbar war die Treibjagd in dieser Zeit die vorherrschende Jagdart. Die Zusammensetzung der Beute, die aus den in der Nähe der Jagdlager liegenden Knochenabfällen erschlossen wurde, deutet auf Herdenjagd. Ein Viertel bis ein Drittel der erlegten Rentiere waren Kälber und Jungtiere, denen man bei Einzeljagd nicht nachgestellt hätte, denn die Fleischmenge war gering und das Knochenmaterial noch nicht vollwertig. Bei den Wanderungen gehen die weiblichen Tiere mit den Kälbern voran und bestimmen Richtung und Tempo des Zuges. Die stärksten männlichen Tiere am Schluß des Zuges schützen die Herde vor nachschleichenden Raubtieren. Enge Täler zwischen Dünen und Wasserläufen versprachen gerade in der Gegend um Ahrensburg eine erfolgreiche Treibjagd auf durchziehende Rentierherden.

Es erwies sich als ein besonderer Glücksumstand, daß die Ahrensburger Jäger der jüngeren Tundrazeit ihren gesamten Abfall und einiges mehr in einen Teich am Fuß ihres Wohnhügels geworfen haben. Das war damals das einfachste Mittel, um Fliegen und Raubzeug abzuhalten. In dieser Sommerstation hielten sie sich jeweils nur etwa 4 Monate auf, kehrten aber mindestens zwölfmal, wenn nicht sogar öfter, nach Stellmoor zurück. Dem entsprachen die Funde im versumpften Teichgelände. Eine halbmeterstarke „Küchenschicht" bedeckte den ehemaligen Seegrund. Als A. Rust über 1000 m² sorgfältig abdecken ließ, fanden sich 1600 Feuersteingeräte und Abschläge, etwa 20 000 Knochen, 1300 Geweihstangen und mehr als 1000 Knochengeräte, vom Dolchmesser bis zur Harpunenspitze.

Eine besondere Überraschung boten 100 teilweise vollständig erhaltene, sorgfältig geglättete Pfeile aus Kiefernholz und Teile der dazugehörigen Bogen. Diese ersten Pfeile von etwa 75 cm Länge hatten noch keine Feuersteinspitzen wie in der Mittelsteinzeit. Sie stellen die ältesten Belege für diese Waffe dar. Hier war eine der seltenen Fundstellen aufgedeckt worden, in der sich Geräte aus Holz mehrere Jahrtausende gut erhalten haben.

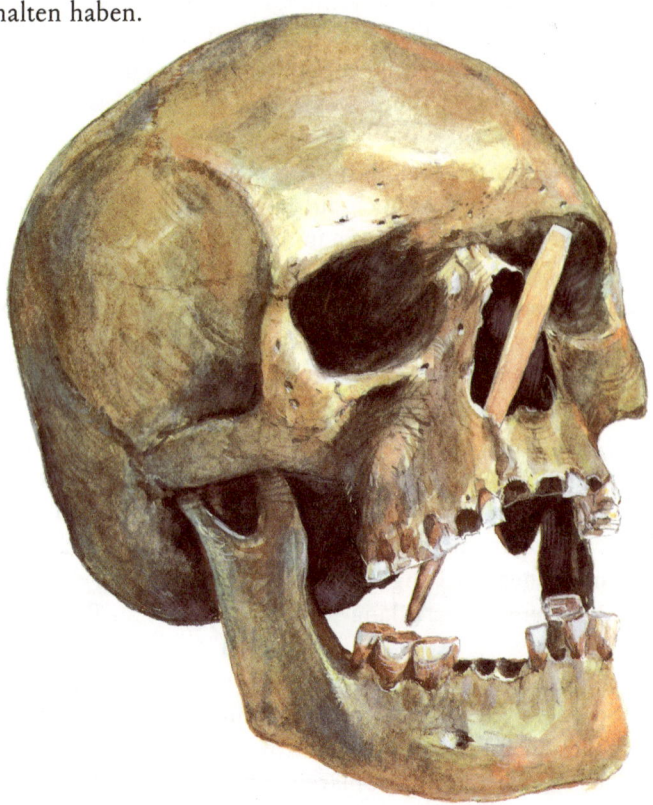

Männerschädel aus einem Moorfund bei Naestved in Dänemark. Im Oberkiefer steckt noch eine Knochenpfeilspitze.

Daß die Pfeile sehr bald nicht mehr nur zur Jagd benutzt wurden, zeigt ein Fund aus Dänemark.

Rätselhaft blieben zunächst die Reste von mindestens zwölf jungen, kräftigen Rentieren, die vollständig im Teich versenkt worden waren. Als dann auch noch ein mehr als 2 m langer, angespitzter Pfahl mit Teilen eines aufgespießten Renschädels entdeckt wurde, dachte man an Opfertiere und einen Kultpfahl und zog Parallelen zu Funden aus anderen Teichen der Ahrensburger Gegend derselben Zeit, bei denen man versenkte Opfertiere z. T. mit einem großen Stein im Brustkorb beschwert hatte.

Offensichtlich opferten die Jägertrupps Jahr für Jahr im Mai — darauf deutet die Geweihbildung hin — bei Beginn der Jagdsaison ein zweijähriges Jungtier, um so die Jagd- oder Wettergottheiten um reiche Beute zu bitten. Der Kultpfahl mit symbolischer Bedeutung war am Rand des Teiches aufgerichtet worden.

Die Funde von Meiendorf bedeuten, daß die Renjäger auch nach 5000 Jahren noch auf einem ähnlichen Kulturniveau lebten wie ihre Vorfahren in den Zelten der Hamburger Stufe zur Zeit der letzten Vereisung. Aber die Jagdtechnik hatte sich doch vervollkommnet. Neben Geweihaxt und Knochenhammer vervollständigten nun Pfeil und Bogen, Harpunen, Fischspeere, bessere Messer, Fellöser, Jagdpfeifen und Druckstäbe das Werkzeugarsenal. Auch das Herstellungsverfahren hatte sich geändert. Die Jäger der Bornecker Zelte schabten aus dem Geweih einzelne Späne zur weiteren Verarbeitung mühsam heraus. Die Jäger von Meiendorf spalteten und zerschlugen nach dem Abtrennen eines Gelenkkopfes Röhrenknochen der Länge nach mit Steinkeilen und erhielten auf diese Weise scharfe, lange Knochensplitter als Rohmaterial.

Der epochemachende Fortschritt der Leute von Meiendorf und Stellmoor bestand in der Erfindung der Vorstufe des Steinbeiles, nämlich der Geweihaxt. Hier tauchte erstmals, und zwar gleich in 40 Exemplaren, ein gänzlich neues Werkzeug auf, das dann aus dem Geräteinventar der nächsten Jahrtausende nicht mehr fortzudenken ist.

Geweihhacken der Rentierjäger von Stellmoor in Holstein

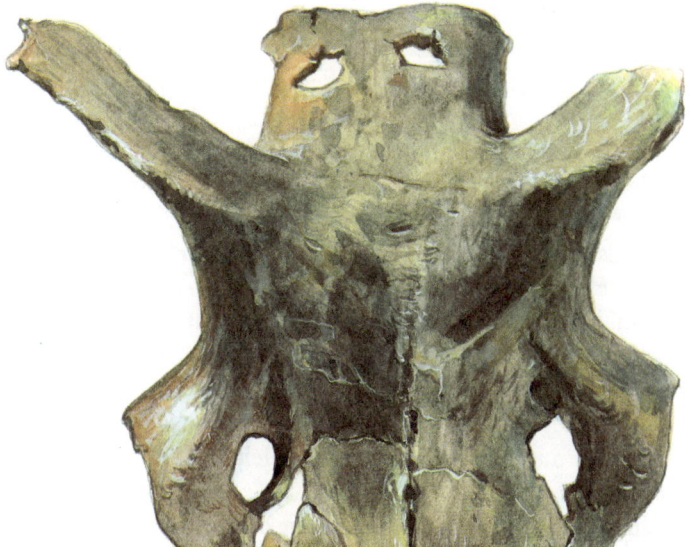

Geweihmaske vom mittelsteinzeitlichen Wohnplatz in Hohen Viecheln. Tiermasken und Fellverkleidung erleichterten dem Jäger das Überlisten des Wildes. Aber auch Zauberer benutzten bei kultischen Tänzen Schädelmasken. Beide Verwendungsarten sind durch Höhlenzeichnungen in Südwesteuropa vielfach überliefert.

Rentierschulterblätter mit Einschußlöchern, vom Jagdlager Meiendorf

Schaft und Schneide dieses neuen „Leitgeräts" der ausgehenden Altsteinzeit waren aus einem Stück Rengeweih hergestellt. Eine Geweihsprosse wurde je nach Bedarf längs schneidend als Beil oder quer schneidend als Hacke angeschärft oder auch nach entsprechend handlicher Kürzung des Schaftes zum hammerartigen Schlagende zugerichtet. Mehrere eingeschlagene Schädel beweisen, daß Rentiere, nachdem man sie zuvor mit Pfeilen verwundet hatte, mit derartigen Geweihäxten getötet worden sind. Geweihmasken lassen vermuten, daß Jäger, mit Fell und Geweih verkleidet, sich an die Renherden herangeschlichen haben.

Eine Anzahl von Schulterblättern mit Schußlöchern weist auf die Treffsicherheit hin, „Blattschuß" sagt der Jäger. Auch ein Wolf ist durch einen Pfeilschuß erlegt worden, die abgebrochene Pfeilspitze steckte noch zwischen den Rückenwirbeln. Schußverletzungen weisen auch die Knochen von Wildgans, Schwan, Ente, Tüpfelsumpfhuhn, Mantelmöwe und Schneehuhn auf. Ein Kranich wurde sogar von vier Pfeilen durchbohrt. Reste von Wildpferd, Hase, Dachs, Fuchs, Vielfraß, Bisamspitzmaus und einem vereinzelten Elch vervollständigten das Bild der damaligen Tierwelt der Tundra, die

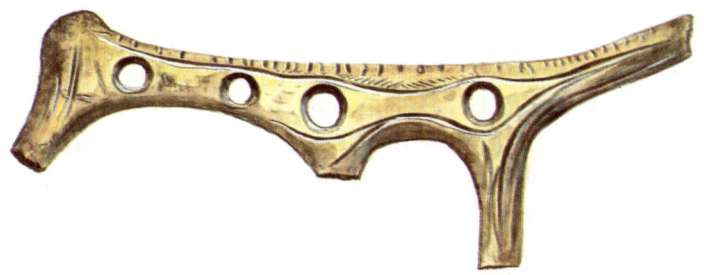

Wozu mögen die mehrfach durchlochten Rengeweihstäbe gedient haben? Oft sind sie mit ornamentalen Motiven oder Tierzeichnungen verziert. Die Bohrlöcher weisen keine Gebrauchsspuren, etwa von durchgezogenen Lederriemen, auf.
Nennt man die Geweihenden „Kommandostäbe", ist das kaum mehr als eine Verlegenheitsbezeichnung.

nach Aussage der Pollenanalysen schon mit Baumgruppen durchsetzt war.

Viel Rätselraten gibt es bis heute um die Bedeutung der „Kommandostäbe". Sie finden sich zuerst in Westeuropa und dann auch in Nordeuropa bis in die Mittelsteinzeit hinein. Gekürzte Geweihstangen sind reich verziert und am Eissprossenansatz mit einer etwa 2 cm starken Bohrung versehen worden. Sie werden teils als Jagdtrophäen, teils als Herrschaftssymbol der Gruppenältesten gedeutet. Jedenfalls scheinen sie zum Inventar der Jagdmagie gehört zu haben.

Ähnlich schwierig steht es um die Deutung geometrischer Ornamente, strichartiger Markierungen und Zeichen auf Werkzeugen. Meist werden sie als erste Eigentumsmarken angesehen. Zwei Faktoren scheinen also beim Aufkommen erster künstlerischer Darstellungen mitgewirkt zu haben: der Ausdruck magisch-kultischer Vorstellungen und das Bedürfnis nach origineller Eigentumsmarkierung von besonders gutgelungenen, handlichen Werkzeugen, ähnlich wie man sich früher beim Kartoffelernten „seine" Hacke markierte. Der dritte Faktor wäre die von W. Mohrig dargestellte Möglichkeit spielerischer Betätigung, die Freude an gefälligen Formen, symmetrischen Gebilden und Schmuck.

In diesem Zusammenhang muß vor allem eine 5,6 cm x 4,3 cm große, durchlochte und polierte Bernsteinscheibe erwähnt werden, der durch die eingeritzten Tierfiguren wohl eine tiefere Bedeutung zukommt, als nur einfacher Schmuck zu sein. Der Entdecker hält die Scheibe für ein Jagdamulett, auf dem das jeweils zu erlegende Tier eingeritzt und nach erfolgreicher Jagd wieder ausgelöscht wurde. Ein Wildpferd scheint das letzte Opfer dieses Jagdzaubers gewesen zu sein.

Vom Grund des Teiches wurden fünf handgroße Sandsteinplatten geborgen, die ebenfalls einfache Tierzeichnungen aufweisen, darunter einen Raubtierkopf, einen Pferdekopf und einen Vogelkopf.

Immer wieder finden sich seit der jüngeren Altsteinzeit durchbohrte und teilweise gravierte Muschelschalen, die als Anhänger getragen wurden.

Einem spielerischen Hang verdanken ganz offensichtlich Ansammlungen von auffälligen Steinen, bunten Kieseln und glänzenden Quarzstücken ihre Existenz. Seit der jüngeren Altsteinzeit werden derartige „Sammlungen" immer wieder direkt in Hütten oder in ihrer unmittelbaren Nähe nachgewiesen, zusammen mit Feuersteinen, die von Natur aus Tier-

Mammut, beiderseitig in eine Feuersteinplatte eingeritzt, vermutlich altsteinzeitlich. Fund aus der Strandzone des Fischlandes bei Wustrow im Bereich steinzeitlicher Siedlungen.
Es läßt sich beweisen, daß die Gravierung sehr alt und keine Fälschung ist: Nur in bergfrischen Flint lassen sich Gravierungen mit glatten Strichen ritzen. Der Witterung ausgesetzter und einmal getrockneter Flint splittert im Strich. Den sicheren Erweis, ob hier künstliche Ritzungen oder ein Naturspiel, nämlich mit Kreide zugesetzte Risse im Feuerstein, vorliegen, könnte man nur bei Zerstörung des Gegenstandes erlangen.

Durchbohrte Austernschale vom Jagdlager in Borneck (rechts) und gravierter Muschelanhänger (links) von einer altsteinzeitlichen Fundstelle vom Südweststrand der heutigen Nordsee (Essex)

gestalten oder menschlichen Gesichtern gleichen. Wenn ihnen durch einige geschickte Schläge Augen, Ohr, Nase oder Maul hinzugefügt wurden, bieten sie heute ein dankbares, weil unerschöpfliches Streitobjekt: Handelt es sich um Zufallsprodukte, oder wurde der Natur bewußt etwas nachgeholfen? Magie oder künstlerische Spielerei?

Natürlich haben wir allen Grund, mit schnellen Deutungen vorsichtig zu sein. So finden sich im Fundgut immer wieder Röhrchen, die aus Vogelknochen durch Abtrennen der Gelenkköpfe hergestellt worden sind, sorgfältig bearbeitet und poliert. Wozu mögen sie gedient haben? Sind es Vorläufer unserer Trinkhalme? Tatsache ist, daß Lappen heute noch ein Trinkrohr aus den Schenkelknochen eines Vogels benutzen. Das feine Netzwerk im Röhrenknochen soll wie ein Sieb wirken und Schmutzteilchen zurückhalten.

Leichter ist die Deutung von Röhrenknochen, bei denen nur ein Gelenk abgetrennt ist. In ihnen wurden Nähnadeln verwahrt, damals Kostbarkeiten, die in der Zelthütte leicht abhanden kommen konnten. Mit einem feinen Öhr versehen, sind sie kleine Kunstwerke der Beinschnitzerei. Bis zu drei knöcherne Nadeln wurden in einem Behälter gefunden. Sie beweisen, daß man sich schon vor der Erfindung des Webens und Flechtens Kleidung aus Fellen nähte. Hunde, die diese Knochenbehälter hätten verschleppen können, gab es damals noch nicht.

Vom Eis befreit: die Mittelsteinzeit

Durch einen glücklichen Zufall entdeckten spielende Kinder im Herbst 1952 am Fuß der sandigen Dünenhänge des Schweriner Sees zwischen Bad Kleinen und Hohen Viecheln einen mittelsteinzeitlichen Siedlungsplatz. Am Beginn des vor langer Zeit künstlich angelegten Wallensteingrabens, der den Schweriner See mit dem Lostener See verbindet und durch eine Schleuse einen Wasserweg zur Ostsee bei Wismar herstellt, hatte ein Rohrbruch einen halben Meter feinen Dünensand fortgespült und eine Torfschicht freigelegt. In diesem Bereich fanden die Kinder sieben ausgezeichnet erhaltene, gezähnte Harpunenspitzen und brachten sie zum zuständigen Bodendenkmalspfleger des Kreises. Damit waren allein schon von diesem Fundplatz vor Beginn einer Untersuchung mehr Knochenspitzen an das Museum für Ur- und Frühgeschichte in Schwerin gelangt als in 150 Jahren vorangegangener Sammlertätigkeit aus ganz Mecklenburg.

Am 26. September 1952 begann der Direktor des Museums, E. Schuldt, an der von den Jungen bezeichneten Stelle mit einer kleinen Probegrabung auf einer Fläche von 2 m². Die etwa 15 cm starke Torfschicht machte den Eindruck einer alten Strandzone des Sees, sie war mit Holzkohle, Knochenabfällen und Feuersteinabschlägen durchsetzt. Aber auch in dem sandigen Horizont unterhalb der Torfschicht fanden sich drei gekerbte Knochenspitzen und bis zu einer Tiefe von 20 cm Feuersteingeräte.

Als aus dem kleinen Einschnitt insgesamt 320 Fundstücke geborgen worden waren, stand fest, daß man hier auf den bisher größten bekannten Siedlungsplatz der Mittelsteinzeit im Ostseegebiet gestoßen war.

Man muß den Forschungsbericht von E. Schuldt einmal in Ruhe durchlesen, um einen Eindruck von dem komplizierten Verlauf und den unerwarteten Ergebnissen der mehrjährigen

Grabungstätigkeit zu gewinnen. Mit den sachlichen Worten des Wissenschaftlers werden hier Fakten und Argumente vorgetragen, die von einer inneren Spannung echten Forschens zeugen. Durch den Einsatz verschiedener Forschungsmethoden, die von der Pollenanalyse bis zur Kohlenstoff-14-Datierung und Mikroskopie reichen, gelang es, ein umfassendes Bild von der Lebensweise der Menschen in einer Periode der Nacheiszeit — vor etwa 8000 Jahren vom ausgehenden Boreal bis zum beginnenden Atlantikum — zu rekonstruieren, einer Periode also, deren Klima um einige Grad wärmer als das heutige war.

Im Laufe der Untersuchungen zeigte sich, daß die Fundschichten auf einer alten Uferterrasse des Schweriner Sees lagen und nach einem Ansteigen des Seespiegels in einer nachfolgenden feuchteren und kühleren Zeit von meterhohen Sandschichten überdeckt worden waren. Gerade an dieser wichtigen Stelle waren die Sandmassen — wir können heute sagen, glücklicherweise — durch den Bau eines Bahndamms in früheren Jahren auf einen halben Meter reduziert worden. Die verschiedenen Stufen der Strandbildung hatten jeweils mehr oder weniger starke Geröll-, Torf- und Sandschichten hinterlassen.

Der Wasserspiegel des Sees lag in der Periode der mittelsteinzeitlichen Besiedlung wesentlich tiefer als heute. Daraus ergab sich für die Flächenabtragung bei der Hauptuntersuchung die Schwierigkeit, daß man nur mit Einsatz großer Pumpen und aufwendiger technischer Hilfsmittel an die heute mehr als 4 m unter dem Wasserspiegel des Sees liegenden Fundschichten gelangen konnte. Einige steil zum See hin abfallende Bereiche des Siedlungsgeländes konnten überhaupt nicht sinnvoll erschlossen werden, da nachströmendes Grundwasser die feinen Siedlungshorizonte fortgespült hatte. Leider war auch die Zone, in der vermutlich die Wohnstätten gelegen hatten, durch frühere Störungen verwüstet.

Trotzdem ergab sich ein ungeahnt deutliches und anschauliches Bild der damaligen Verhältnisse. Eine lichte, parkähnliche Landschaft war mit Kiefern, Birken und Haselsträuchern mit Nüssen der länglichen und der runden Form, mit Ulmen,

Trichter- und glockenförmige Gefäße aus Leder. Bearbeitetes, eingeweichtes Leder wurde durch Steine beschwert und auf diese Weise gedehnt. Die so gewonnenen Formen wurden getrocknet, gehärtet und zurechtgeschnitten. Die Entstehung dieser Technik fällt wohl noch in vorkeramische Zeit.

Espen und Eichen bestanden. Als Brennmaterial wurde fast ausschließlich Kiefernholz verwendet.

Das wichtigste Jagdwild scheinen Reh und Rothirsch gewesen zu sein. Aus Hirschgeweih und stabilen Knochen sind die meisten Geräte und Werkzeuge gefertigt. Außerdem finden sich auch Reste von Wisent, Wildschwein, vereinzelt von Elch, Wildpferd einer kleinen Rasse, Hase und Biber. Von der Verfolgung ziehender Renherden in offener Tundra war man nun in waldigem Gelände zur Jagd auf Standwild übergegangen. Das begünstigte die Seßhaftigkeit und machte auch den Bau etwas aufwendigerer Hütten sinnvoll.

Alle größeren Knochen hat man aufgeschlagen, um an das nahrhafte Mark heranzukommen. Anders war der Fettbedarf zu jener Zeit kaum zu decken, da Wildfleisch ja sehr mager ist. Im Vergleich zu den aufgefundenen Resten der erlegten Waldtiere treten die der Fische trotz des guten Erhaltungszustandes auffällig zurück. Interessant ist, daß die Hechte überwiegen. Und doch muß Fischfang auch mit Stellnetzen betrieben worden sein, darauf deutet eine Anzahl durchbohrter Netzschwimmer hin. Hinweise auf Angeln und Boote finden sich in unserem Bereich im Gegensatz etwa zu Dänemark erst in der Jungsteinzeit.

Offensichtlich hat man auch den Kampf mit Raubtieren nicht gescheut, ohne daß sich nun sagen ließe, unter welchen Umständen diese Tierreste in die Siedlungsschicht gerieten.

Besonders die Braunbären der Mittelsteinzeit Mecklenburgs müssen gefährliche Gegner gewesen sein.

Auch Hinweise auf Wölfe, Luchse und Wildkatzen fanden sich in Hohen Viecheln. Und wie mag man wohl die schlauen und scheuen Füchse und Fischotter am Schweriner See überlistet haben? Außer Pfeil, Bogen und Harpunen haben Fallgruben sicher eine besondere Bedeutung gehabt. Mehrere blattförmige Hacken und schaufelartige Werkzeuge aus Elchgeweih sind möglicherweise zum Ausheben von Fallgruben benutzt worden. Zur Bodenbearbeitung haben diese Hakken nicht gedient, denn für den Anbau erster Kulturpflanzen gibt es keinerlei Anhaltspunkte, ebensowenig wie sich irgendwelche Keramikspuren finden.

Möglicherweise hat man schon in Holzgefäßen gekocht, auch wenn entsprechende Funde bisher noch fehlen. Versuche haben gezeigt, daß an Holzgefäßen über schwachem Feuer eine schwer brennbare Rußkruste entsteht, ähnlich wie an Balken in alten Räucherkammern. Derartige Holzgefäße erwiesen sich als überraschend haltbar.

Hinweise verschiedener Forscher, daß man mit heißen Steinen in Lederbeuteln kochen kann, erscheinen sehr theoretisch. Praktische Versuche scheiterten daran, die glühenden Steine mit Stöcken in den „Suppentopf" zu balancieren. Mehrere Steine zersprangen durch die plötzliche Abkühlung im Wasser. Noch schwieriger war es, die abgekühlten Steine bzw. Steinbrocken aus dem nun immerhin heiß gewordenen Wasser herauszufischen.

Kalifornische Indianer sollen noch heute besondere Feuerzangen und Holzschlingen zum Fassen der heißen Steine benutzen. Aber sie kochen damit keinen Eintopf, sondern lassen nur das Wasser im Lederbeutel für ihr abendliches Getränk einmal aufwallen. Hier sind also kaum überzeugende Vergleichsmöglichkeiten zu gewinnen. Hinzu kommt, daß selbst mit Birkenholz erhitzte Steine keineswegs sauber sind. Selbst wenn man in dieser Beziehung sehr großzügig ist, reicht die Hitze kaum zum Garkochen von Fleisch, Wurzeln oder Wildgemüse. Allenfalls kann man sich auf diese Weise ein paar Möwen- oder Enteneier kochen.

Trotzdem wird auch schon die Bratenkost der Mittelsteinzeit abwechslungsreich gewesen sein. Außer einigen Fischen und dem Wildbret von neun Tierarten — die Raubtiere außer den Bären nicht mitgerechnet — fanden sich in den Küchenabfällen von Hohen Viecheln Reste von 22 größeren Vogelarten, meist Wasservögeln, und von Birk- und Auerwild.

Die Verwendung von Salz ist sehr alt, aber kaum nachweisbar. Dagegen ist das Vorhandensein vieler eßbarer Wildpflanzen aus dem Pollendiagramm abzulesen, ihre frühzeitige Verwendung als Zukost und Gewürz also sehr wahrscheinlich. Das Fleisch wurde in Streifen und Scheiben geschnitten und mit Holzkeulen vor dem Braten mürbe geklopft. Es ist kaum daran zu zweifeln, daß auch schon die Frauen von Hohen Viecheln verstanden haben, Abwechslung in die Fleischzubereitung zu bringen und ihre Familie bei Kräften zu erhalten.

Rätselhaft bleibt nur, wie sie die Kleinkinder ohne zusätzliche Milch und ohne Korn ernährt haben. Gedünsteter Fisch war leicht bekömmlich und eiweißreich. Die zerquetschten dunklen Nüßchen des Knöterichs und einige geriebene Haselnüsse mögen den Grießbrei ersetzt haben. Auch Honig wilder Bienen hatte sicher schon eine erhebliche Bedeutung. Hinweise auf Bienenhaltung in Klotzbeuten — als einfachste Form der Bienenhaltung in künstlich ausgehöhlten Baumstämmen — kennen wir allerdings erst aus der Bronzezeit.

Gerade im Hinblick auf die Pflege von Säuglingen und Kleinkindern stellen sich aus unserer heutigen Sicht noch einige andere Fragen. Da die Wohnplätze der Mittelsteinzeit immer etwas erhöht an einem übersichtlichen Platz, zugleich aber durchweg in unmittelbarer Nähe von Quellen, Bächen oder Seen lagen, wird frisches Trink- und Waschwasser genug vorhanden gewesen sein. In der Nähe von Quellen und in vorgeschichtlichen Brunnen sind mehrfach Reste von Gefäßen und Wassereimern aus Birkenrinde, die mit Bast zusammengenäht waren, gefunden worden. In gleicher Weise wurden auch Spanschachteln und Kästchen hergestellt.

Wenn es also auch an Waschwasser nicht mangelte, womit mag man aber die Säuglinge vor der Erfindung der Webkunst abgetrocknet haben? Luchs, Iltis, Wildkatze und Fuchs im

Honigsammlerin. Vorgeschichtliche Felszeichnung, Größe 9,5 cm

Fundmaterial der Mittelsteinzeit könnte man als Hinweis verstehen, daß ihre weichen Felle den kleinen Kindern als Decke, „Badetuch" und wärmender Pelz zugute kamen; denn wer Bärenschinken, Entenbraten und Rehleber auf der Speisekarte hatte, wird eine Wildkatze kaum wegen des Bratens geschossen haben.

Das überaus reiche Fundmaterial gibt zu vielfältigem Nachdenken Anlaß. Nur zwei Aspekte seien noch herausgegriffen. Da ist zunächst das erste Auftauchen des Hundes als ständiger Begleiter des Menschen erwähnenswert.

Während aus Meiendorf und Stellmoor am Ende der Altsteinzeit noch keine Hinweise auf den Hund bekannt sind, findet man sie in frühen mittelsteinzeitlichen Schichten fast gleichzeitig an mehreren Stellen, so in Maglemose auf Seeland, in Viste in Norwegen, in Bologoje, an der Bahnlinie auf halbem Weg zwischen Leningrad und Moskau, und in Mecklenburg in Hohen Viecheln. Für die europäischen Hunde ist die Herkunft vom Wolf gesichert.

Allerdings sagt die Lexikon-Auskunft „Herkunft vom Wolf" weder über den genauen Zeitpunkt noch über den Hergang der „Hundwerdung" des Wolfes etwas aus. Wie lange war ein als Jungtier aufgezogener und gezähmter Wolf noch Wolf, und wann sollte man ihn als Hund bezeichnen?

Jedenfalls scheint der Hund das erste Tier gewesen zu sein, das sich dem Menschen angeschlossen hat. Die Stationen dieses Weges müssen weit zurückliegen. Vielleicht war der Hund sogar das erste Haustier in einer Zeit, als der Mensch noch gar kein Haus hatte. Die Anfänge der Entwicklung bleiben möglicherweise für immer im dunkeln verborgen, liegen wahrscheinlich auch in anderen, östlicheren Gegenden Europas; denn schon in den ersten Funden, in Hohen Viecheln und in Dänemark, zeigen die Knochen, daß diese Hunde zwar einer recht großen Rasse angehörten, die dem Wolf nahe verwandt war. Aber E. Schuldt hat vergleichendes Knochenmaterial von Wolf und Hund veröffentlicht, wobei beide sich bereits deutlich unterscheiden lassen. Diese Hunde waren etwa so groß wie heutige Grönlandhunde.

Kompliziert wird die Frage nach der Herkunft des Haushundes nun dadurch, daß sich auf anderen dänischen und norddeutschen Wohnplätzen Hinweise auf eine kleinere Hunderasse von der Größe eines Finnenhundes oder Terriers finden. Wahrscheinlich sind hier einst gezähmte Goldschakale eingekreuzt worden.

Auf diesen sogenannten Torfspitz stieß man auch, als um 1880 in Eldena bei Greifswald, im Mündungsabschnitt des Ryk, eine Begradigung des Flußbettes ausgebaggert wurde. In der dabei aufgedeckten vorgeschichtlichen Siedlung muß dieser kleine Spitz mit den Merkmalen echter Domestikation verhältnismäßig zahlreich gehalten worden sein. Er gleicht völlig den Funden von Maglemose auf Seeland.

Nun gab es aber damals an der Ostsee keine wilden Goldschakale mehr. Der Goldschakal wäre dann als schon domestizierter kleiner Haushund nach Nordeuropa gebracht und dort in seiner Entwicklung durch Kreuzungen mit Wolf und Wolfshund beeinflußt worden.

Oder die Herausbildung dieser Hunderasse begann schon in der letzten Warmzeit, als die Goldschakale wesentlich weiter verbreitet waren als heute, die Wanderzelte der Jäger umlagerten und sich ihnen anschlossen. Dann mag es Zufall sein oder mit der Art der Bestattung verendeter Hunde zusammenhängen, daß entsprechende Funde bisher noch fehlen. Vorläufig gibt uns jedenfalls die Entwicklung vom Torfspitz zum Dorfspitz noch manches Rätsel auf.

Im Zusammenhang mit den Funden von Hohen Viecheln soll noch ein zweiter Aspekt skizziert werden: die Herausbildung des nordeuropäischen Kreises der Kern- und Scheibenbeile. Die Erfindung des Steinbeils fällt in eine Zeit wachsenden Holzbedarfs des Menschen. Seitdem man die Erfindung des Steinbeils in einer waldreichen Zeit als das wesentliche Kennzeichen der Mittelsteinzeit ansieht und dadurch für Mittel- und Nordeuropa eine klare Abgrenzungsmöglichkeit zur Altsteinzeit geschaffen hat, stehen besonders Beilklingen im Blickfeld archäologischer Interessen.

Steine mit typischer Beilform fallen eher auf als Abschläge oder Klingen. So werden im Garten, auf dem Feld, auf der Baustelle oder auf sandigen Hängen eines Sees Jahr für Jahr als Oberflächenfunde vor allem Feuerstein- und Geröllbeile aufgelesen, erst interessiert, dann skeptisch betrachtet, vielleicht noch einige Tage aufbewahrt und dann oft wieder fortgeworfen. Die Steine scheinen bearbeitet zu sein. Aber die Kritiker dringen schließlich mit ihrer Ansicht durch: „Wie soll man diese plumpen und kurzen Geräte in der Hand gehalten haben?" — „Damit läßt sich nicht einmal ein Kiefernstämmchen fällen."

Liest dann ein Erntehelfer einen Schaber, einen Stichel oder eine Zwergklinge (Mikrolith; mikros, klein; lithos, Stein) vom Förderband der Kartoffelmaschine, sind auch die Spötter zur Stelle. „Damit schneide dir mal ein Kotelett ab!" Achselzuckend murmeln die Kollegen etwas wie „blühende Phantasie".

Geschäftete jungsteinzeitliche Beilklingen. Moorfunde aus Seeland

Derartige Einwände und Bedenken lassen sich heute klar widerlegen. Man kann vor allem auch auf eindeutiges Fundmaterial hinweisen. Es liegen so viele vollständig erhaltene Werkzeuge vor, daß man vorbehaltlos sagen kann: Mit Ausnahme von Fellschaber, Meißel und Spaltkeil waren alle Steinklingen geschäftet. Das betrifft die großen Geräte ebenso wie die winzigen Schneiden und Feuersteinspitzen. Was wir auf dem Spaziergang oder beim Graben im Garten finden, sind nur die steinernen Spitzen, Schneiden oder Klingen ursprünglich viel größerer, handlicher Werkzeuge aus vergänglichem Material.

Sowohl das Beil als auch geschäftete Klingen sind den Fachleuten seit längerer Zeit durchaus vertraut. Schon in Weimar-Ehringsdorf fand sich vor langer Zeit eine Feuersteinklinge in einer Knochenfassung, mit der sich Hirschhorn vorzüglich bearbeiten ließ. Und auch die Beile mit eingesetzter Steinklinge haben in den geschärften Geweihhacken von Stellmoor in Holstein und Lyngby auf Seeland (um 8500 v. u. Z.) gewisse Vorformen. Aber selbst gut erhaltene Einzelfunde – vor allem aus Mooren – waren bisher trotz vieler Veröffentlichungen kaum in der Öffentlichkeit bekannt.

In Hohen Viecheln fanden sich in einem geschlossenen, datierbaren Fundbereich nicht weniger als 146 Beilklingen verschiedener Größe und Form, darunter 127 Kernbeile, die aus handlichen Feuersteinknollen herausgearbeitet worden sind.

Sie erhielten dadurch eine flache, etwas gebogene Schneide, daß man sie von beiden Seiten aus anschärfte. So liegt bei den Kernbeilen die Schneide in der Mitte.

Neunzehn Scheibenbeile sind dagegen aus Segmenten hergestellt, die von in der Natur häufig vorkommenden walzenförmigen Silex-Rohlingen abgeschlagen wurden. Diese Scheiben hat man nur auf einer Seite bearbeitet, die Kante zur Schneide abgeschlagen, ebenso die Seiten. Den Nacken der Beilklinge richtete man stielartig zu, oft mit einem viereckigen oder rundlichen Querschnitt. Die Schneide liegt also beim Scheibenbeil auf der Ebene der flachen, nicht bearbeiteten Unterseite der Klinge. Da aber auch Kernbeile gelegentlich auf der Unterseite kaum bearbeitet sind, ist es manchmal schwierig, eine klare Entscheidung über ihre Zuordnung zu treffen.

Während bei der Auswertung von Oberflächenfunden immer wieder Fehlschlüsse unterlaufen, bietet diese geschlossene mecklenburgische Fundgruppe durch Vergleiche mit holsteinischen und jütländischen Wohnplätzen die Möglichkeit einer kulturellen und chronologischen Gliederung der Mittelsteinzeit. Hier lassen sich die von H. Schwabedissen aufgestellten und von R. Feustel weiterentwickelten Kriterien sinnvoll anwenden:

Segmentabschläge von einer Feuersteinknolle zur Herstellung von Scheibenbeilen

— Genaue Kenntnis der Originalfunde von genügend zahlreichen Stationen eines möglichst großen Gebietes. (Hier liegen die ausführlichen und sorgfältig erarbeiteten Bände der Fundinventare ganz Dänemarks, Nordfrieslands und der Nordfriesischen Inseln einschließlich Helgolands, des mecklenburgischen Tieflandes einschließlich Rügens und der Kreise Ueckermünde, Neubrandenburg und Neustrelitz als Vergleichsmaterial vor.)

— Vergleich mit stratigraphisch gesicherten, also in den Ablagerungsschichten deutlich erkennbaren Horizonten und geschlossenen Fundgruppen, wie sie Maglemose oder Mullerup in Dänemark und eben auch Hohen Viecheln bieten.

— Beurteilung der Fundplätze nicht nach Einzeltypen, sondern nach Werkzeugkomplexen.

Auf diese Weise zeichnet sich im Bereich der südlichen Ostsee und der östlichen Nordsee ein Kulturkreis mit dem Schwerpunkt in der Beilherstellung gegenüber Gruppen in Nordwesteuropa ab, in denen das Beil keine Rolle spielt. Im mittelsteinzeitlichen Fundgut Westfalens kommen ebensowenig wie in Thüringen echte Beilklingen vor.

Aber nicht nur über Herstellung und Formen der Beilklingen, sondern auch über ihre Schäftung und Verwendung haben die Veröffentlichungen von E. Schuldt und R. Feustel anschauliches Beweismaterial vorgestellt. Die Schäftungsart der Beile ist an zahlreichen vollständigen Werkzeugen klar zu erkennen und wird im Forschungsbericht über Hohen Viecheln an einem gut erhaltenen Exemplar beschrieben.

Eine 8 cm lange, grob muschelig bearbeitete Beilklinge mit dreikantigem Querschnitt und eckiger Schneide ist in einem 11,5 cm langen Zwischenfutter von 3,5 cm Durchmesser befestigt worden. Dazu wurde eine Geweihstange vom Rothirsch verwendet. Sie wurde gekürzt und der zur Aufnahme der Steinklinge vorgesehene Abschnitt sorgfältig beschnitten und ausgehöhlt. Die äußeren Schnittkanten sind in diesem Abschnitt sogar abgerundet, während die Schnittspuren und Bruchflächen im Nackenteil des Zwischenfutters nicht überarbeitet wurden, da sie für die Verwendbarkeit des Beils offensichtlich bedeutungslos waren. Das Zwischenfutter ist für

Geschäftete mittelsteinzeitliche Beilklinge, von E. Schuldt auf dem „Jüngeren Wohnplatz" in Hohen Viecheln gefunden. Das Zwischenfutter wurde aus Knochen oder Geweih, der Schaft meist aus Haselholz hergestellt.

die Aufnahme des etwa 3 cm starken Stiels so durchbohrt worden, daß der Stiel nicht ganz rechtwinklig stand.

Im Schaftloch befanden sich noch Reste eines Stiels aus Haselholz. Das abgebildete Beil ist quergeschäftet, also als Hacke benutzt worden. Es war einer so starken Beanspruchung ausgesetzt, daß die Fassung an der Außenseite aufgeplatzt ist. Deutlich sind auch an der Außenseite des Zwischenfutters Benutzungsspuren zu erkennen.

Andere Beile sind längsgeschäftet und sicherlich in der Weise unserer heutigen Beile benutzt worden. Außerdem fand man öfter abgetrennte Geweihsprossen, Holzstücke und angespitzte Pfähle, die so glatte Schnittflächen aufweisen, wie sie nur von einem Schlagwerkzeug in der Art des Scheibenbeils herrühren können.

Andere Klingen sind ohne Zwischenfutter direkt in gebogene Aststücke oder Holzkeulen eingepaßt worden. Einige dieser mit sehr scharfen, kleinen Abschlagklingen versehenen Geräte sind vermutlich zum Trennen von Fellen und Schneiden von Lederriemen benutzt worden. Messerklingen und dolchähnliche Spitzen finden sich in Röhrenknochen gefaßt, Pfeilspitzen sind mit Harz und Kiefernpech am Holzschaft befestigt. Lange, schmale Feuersteinspitzen sind als seitliche Schneiden in Speere eingefügt. Mehrere kleine Steinsplitter hintereinander als gefährliche Schneiden und als Widerhaken in Harpunenspitzen und Lanzen eingelassen, hat man schon öfter entdeckt. Vor allem Moorfunde sind interessant, weil Holzschaft, Pech und selbst Harz an den Klingen oft gut erhalten sind.

Leider können wir hier nicht auf die interessanten mittelsteinzeitlichen Fundplätze im Bezirk Neubrandenburg eingehen, die vor allem von U. Schoknecht bearbeitet worden sind. Das Gebiet um die Müritz und die Landstriche weiter südlich und östlich davon nehmen durch verschiedene Formen von Mikrolithen eine Sonderstellung ein. Diese Fundplätze sind eng mit denen im brandenburgischen Gebiet verwandt, weniger mit denen der südlichen Ostsee.

Auch die mittelsteinzeitlichen Küstenwohnplätze im nördlichen Dänemark weisen naturbedingte Züge einer Entwicklung auf, die Hohen Viecheln, Wismar und Rügen bei ihrer damaligen Lage, weitab vom Meer, fremd sind. Sicher machte man auch dort Jagd auf Standwild, da die Renherden nach Norden abgewandert waren. Interessant ist die Tatsache, daß noch in der frühen Nacheiszeit das Vorkommen des Eisbären in Asdal bei Hjörring an der Nordspitze Jütlands nachgewiesen werden konnte. Aber den Hauptteil der Nahrung machten Fische und unvorstellbare Mengen von Muscheln aus. An der Nordküste Himmerlands in Dänemark finden sich Abfallhaufen von 40 m x 25 m Größe, mannshoch aus aufgebrochenen Muschelschalen aufgeschüttet. An einem alten Seitenarm des Limfjords und bei Roskilde sind im Laufe der Jahrhunderte Küchenabfälle auf Flächen von 200 m Länge und 40 m Breite abgelagert worden.

Als man am Ende des vorigen Jahrhunderts erkannte, daß hier keine natürlichen Muschelbänke, sondern uralte Küchenabfälle der Steinzeitmenschen vorlagen, meterhohe Siedlungsschichten ohne jede Unterbrechung oder Störung, erhielt eine ganze Epoche danach ihren Namen: Kjökkenmöddingerkultur. Wir nennen diese Menschen „Austernesser" und ihre jüngeren Vertreter „Leute von Ertebölle", denen die Ellerbek-Siedlungen bei Kiel, die Wohnplätze auf dem Fischland bei Dändorf und die Fundplätze der Lietzowkultur auf Rügen zeitlich entsprechen, die aber, durch die damalige Binnenlage bedingt, ohne große Muschelhaufen angetroffen werden.

Wie ein Roman liest sich die anschauliche Schilderung der Kjökkenmöddinger bei G. Bibby. Im Jahre 1849 sollte an der Nordostküste Jütlands, dort, wo die bewaldete Halbinsel

Djursland in die blauen Wasser des Kattegat hineinragt, eine Straße gebaut werden. In der Hoffnung, geeignetes Material für die Straßendecke zu finden, untersuchte man einen langen, niedrigen Hügel, der, mit alten Buchen bewachsen, etwa 1 km vom Strand entfernt lag. Überraschenderweise bestand der Hügel aus meterhohen Schichten von Austernschalen. Besseres Baumaterial konnte es kaum geben. So grub man energisch darauflos und fuhr auch zahlreiche Tierknochen und Feuersteine zusammen mit Muscheln ab. Man wurde erst aufmerksamer, als sich ein fein modellierter Knochenkamm mit vier Zähnen fand. Zwar kannte damals nicht einmal das Museum in Kopenhagen ein vergleichbares Stück, aber man ließ den Fundplatz nun doch untersuchen (G. Bibby 113):

„Man ist beinahe versucht, zu glauben, daß wir es hier mit einer Art von gemeinsamer Eßstätte der in der Nähe wohnenden Stämme aus frühster Vorzeit zu tun haben. Damit würden sich die Asche, die Knochen, die Feuersteine und die Topfscherben erklären. Freilich ist das nur eine Vermutung, die kaum ernst zu nehmen ist." So das Grabungsprotokoll.

Die Vermutung sollte sich bestätigen. Es zeigte sich nämlich, daß alles in diesem Muschelhaufen auf menschliche Tätigkeit hinwies. Jede einzelne Schale von Auster und Herzmuschel war aufgebrochen worden. Sie konnten also nicht vom Meer an den Strand gespült worden sein.

Tausende von Feuersteinabschlägen und Geräten wurden gefunden, die zusammen mit der ältesten hier vorkommenden Töpferware des Nordens ermöglichten, den kulturellen Stand der Bewohner der Küstensiedlungen zu beschreiben. Unmengen von Knochen erlaubten es auch, Listen von Tieren, Vögeln und Fischen aufzustellen, von denen der frühe Mensch gelebt hatte.

Zwar fanden sich viele Beilklingen, aber kein Steingerät war geschliffen oder poliert. Es mußte sich also um einen Kulturkreis der Mittelsteinzeit handeln. Heute wissen wir, daß sich die Kjökkenmöddinger und die ihnen verwandten Kulturkreise über die Küsten von ganz Nordeuropa, von Ostengland bis zum Finnischen Meerbusen, länger als ein Jahrtausend ausgebreitet haben.

Vor etwa 200 Generationen hat sich das Dorfleben unserer Vorfahren bei erheblich trockenerem und wärmerem Klima als heute vermutlich hauptsächlich im Freien abgespielt. Sonst hätte man sicher Spuren von solider gebauten Wohnstätten gefunden. Die Hütten hatten etwa einen Durchmesser von 5 m und waren im Grundriß meist rund oder rechteckig mit abgerundeten Ecken. Den Oberbau fertigte man wohl aus Flechtwerk. Kiefernstangen trugen die Dachabdeckung. Pfostenbau wurde bisher nicht nachgewiesen. Der Fußboden bestand aus einer starken Schüttung von Birken- und Kiefernrinde auf einer Reisigschicht. Im Fußbodenbelag war die Feuerstelle ausgespart und durch Steinsetzungen vom Reisig abgegrenzt. Schätzungsweise haben etwa 20 bis 30 Erwachsene mit ihren Kindern jeweils in einer Siedlung gelebt.

Ackerbau ist damals nach Ansicht der meisten heutigen Forscher nicht betrieben worden. Es wurden auch weder Rinder noch Schafe oder Schweine gehalten. Das einzige Haustier war der Hund. Offenbar war an diese nördlichen Küsten noch keine Nachricht von den großen Entdeckungen gedrungen, die man eben zu jener Zeit in fernen südöstlichen Ländern gemacht hatte. Dort sammelte man nämlich Getreidekörner, säte sie aus, erntete und säte wieder. Und man hatte gelernt, wilde Rinder, Ziegen und Schafe nicht nur zu jagen, sondern in Gruben und hinter Zäunen gefangenzuhalten, zu füttern und nach Bedarf zu schlachten. Man verstand bereits, bei Korn und bei Tieren einen Überschuß zu erwirtschaften und dadurch unabhängiger vom Jagdglück und von der Witterung zu leben.

Man sollte sich aber nun nicht durch die mächtigen Muschelhaufen zu der Annahme verleiten lassen, daß die Bewohner dieser Plätze ausschließlich von Austern und Fisch gelebt und nur an Festtagen Wildbraten gegessen hätten. Eine Auster hat eine dicke Schale und wenig Fleisch. Da sich in den Abfallhaufen auch Knochen in beträchtlichen Mengen fanden, hat man sicher mehr Fleisch als Muscheln gegessen, wenn man die Mengenverteilung recht abwägt. Nur wenn kein Jagdglück winkte, wird man bei Ebbe Schalentiere gesammelt haben.

Knebelangel. Scharfe, schmale Feuersteinsplitter oder geschnitzte Knochenspitzen kerbte man in der Mitte etwas ein und befestigte an dieser Stelle eine feine aus Pferdehaar geflochtene Angelschnur. Geschickt in einem Köderfisch verborgen, ragten nur die spitzen Enden des Knebels ein wenig heraus. Schnappte ein Raubfisch nach dem Köder und kam Zug auf die Angel, verhakte sich der Knebel und stellte sich unweigerlich quer.

Das Fischen war hier im Gegensatz zu Hohen Viecheln schon beachtlich entwickelt. Es wurden Angelhaken aus Knochen und Leinen aus Tiersehnen benutzt. Zahlreiche durchbohrte, längliche Holzstücke könnten als Netzschwimmer gebraucht worden sein. Auf Seeland fanden sich sieben, auf Schonen bisher sechs Teile von Fischreusen. Das konische Reusenrohr war meist dreiteilig. Das Flechtwerk bestand aus waagerecht angeordneten Birkenruten, die senkrecht durch gedrehte Rindenstreifen junger Kiefern und Weiden verbunden und gehalten wurden.

Ein äußerst interessantes, im Grunde sehr einfaches Gerät war die Knebelangel. Feine, schmale Feuersteinsplitter, die beim Abspalten eine scharfe und auf der Gegenseite ebenfalls eine brauchbare Spitze erhalten hatten, kerbte man in der Mitte etwas ein. Aus Pferdehaar wurde eine feine Angelschnur geflochten und in der Mitte des Knebels angebunden. Geschickt in einem kleinen Köderfisch verborgen, ragte nur die scharfe Feuersteinspitze am Schwanzende ein wenig heraus. Schnappte nun ein Raubfisch nach dem Köder und kam Zug auf die Angel, verhakte sich der Knebel und stellte sich unweigerlich quer.

Auch der älteste Bootsfund gehört in diese Zeit vor etwa 7000 Jahren. Es ist ein Einbaum, der durch Brandhöhlung aus einem Kiefernstamm hergestellt worden war. Er stammt allerdings nicht aus Jütland, sondern wurde in Perth am Firth of

Forth in Schottland geborgen. Mehrere Holzpaddel wurden jedoch in England, Jütland und in Duvensee bei Lauenburg gefunden.

Sicherlich ist auch in Jütland von Booten aus geangelt und mit Pfeil und Harpune geschossen worden, denn Kabeljau und Schellfisch, deren zahlreiche Reste auffallen, ließen sich nicht vom Strand aus mit der Angel fangen. Auch Reste von Tümmlern, Seehunden und Robben kommen in den Küchenabfällen vor. Sogar einige Seelöwen hat man mit besonders großen Harpunen mit Widerhaken zur Strecke gebracht. Bären scheint der Mensch dagegen nur sehr selten begegnet zu sein, oder man ist sich aus dem Wege gegangen.

Pfeile mit Feuersteinspitzen müssen eine erstaunliche Durchschlagskraft besessen haben. Aus einem dänischen Moor barg man das fast vollständige Skelett eines Auerochsen. In den Rippenknochen saßen noch zwei scharfe Pfeilspitzen, drei weitere Klingenspitzen von 4 cm und 5 cm Länge fanden sich im Brustbereich des Skeletts, eine Spitze war abgebrochen. Die Knochenverletzungen waren nicht verheilt. Vermutlich war das Tier von etwa fünf Pfeilschüssen getroffen worden. Es hatte verwundet den See aufgesucht und war dort ertrunken. Die Pfeile hatten die starke Decke des Tieres durchschlagen, die Fleischpartien durchbohrt und waren dann noch ein Stück in den Knochen eingedrungen.

Eine Neuerung von weitreichender Bedeutung findet sich in den Muschelhaufen: die ersten Tongefäße. Kenntnis der Töpferei und des Brennverfahrens gelangte damals zum ersten Mal in den Norden. Die dickwandigen Gefäße selbst sind aber nicht importiert, sondern an Ort und Stelle aus quarzhaltigem, schlecht gebranntem Ton hergestellt.

An Bruchstücken ist zu erkennen, daß diese Töpfe mit spitzem Boden aus Tonwülsten aufgebaut sind, die vom Tonklumpen des Bodenstücks ringförmig übereinandergelegt und dann verstrichen wurden. Die Oberfläche ist uneben, aber offensichtlich geglättet. Alle Gefäße haben eine einheitliche Form mit leicht geschwungenem Profil, und sie sind mit 25 bis 30 cm Durchmesser verhältnismäßig groß.

Nur am Rande finden sich gelegentlich mit den Fingern

eingedrückte Verzierungen. Zur Benutzung wurden die Gefäße mit dem spitzen Boden in die Glut gestellt und mit drei kantigen Steinen abgestützt. Zweifellos hat die uralte Korbflechttechnik das Vorbild für diese Arbeitsweise abgegeben, ein Gefäß vom Boden her durch Wulstringe aufzubauen.

Eine andere Form früher Keramik ist aus einer jungsteinzeitlichen Siedlungsschicht von Friesack im Rhinluch im Bezirk Potsdam bekannt. Durch Bestreichen von korbähnlichen Binsengeflechten mit Lehm oder Ton auf der Innenseite entstanden beim Brennvorgang unförmige, aber verhältnismäßig haltbare Gefäße, verziert mit den Abdrücken des verbrannten Geflechts. Sie eigneten sich vor allem zum Aufbewahren von Lebensmitteln. Das Verbreitungsgebiet der „Binsenkeramik" lag aber hauptsächlich in Südosteuropa und Vorderasien.

In den Muschelhaufen findet sich außer dem „Urtopf" noch eine zweite Gefäßform, eine flache, muldenförmige Schale von etwa 25 cm Länge. Ein unvoreingenommener Betrachter würde sie für einen Suppenteller oder eine Fleischschüssel halten. Daß die Exemplare voller Fettspuren sind, würde durchaus nicht dagegen sprechen. Da diese Schüsseln aber große

Die Kjökkenmöddinger, die ersten Töpfer in Nordeuropa, fertigten diesen plumpen, dickwandigen Kochtopf mit spitz zulaufendem Boden. Er muß auf drei Steinen im Feuer gestanden haben.

Brandrodung und erster Ackerbau um 2500 v. u. Z. Unterholz und kleinere Bäume wurden mit breiten Feuersteinäxten gefällt, dann alles abgebrannt.

Ähnlichkeit mit den Tranlampen der Eskimos haben und nur in den Muschelhaufen gefunden wurden, in denen auch Seehund- und Robbenknochen vorkommen, sind diese Schalen als die ersten Lampen Nordeuropas in die Kulturgeschichte eingegangen. Als Brennstoff wäre dann Robbenspeck und als Docht trockenes, gedrehtes Moos verwendet worden.

Um das Bild abzurunden, sei noch erwähnt, daß uns einige 8000 Jahre alte Schlitten aus Finnland und Südschweden erhalten geblieben sind. Diese schweren Gefährte hatten Kufen von 3,80 m Länge und wurden wahrscheinlich von Hunden gezogen. Auch Schneeschuhe sind für die Mittelsteinzeit für Finnland und Schweden belegt und wurden schon auf ältesten Felsbildern dargestellt.

Die Mittelsteinzeit ist in jeder Beziehung eine Übergangsstufe. Der tiefgreifende Unterschied zwischen später Altsteinzeit und Mittelsteinzeit beruht außer auf der Entwicklung des Beils auf dem Übergang vom frei nomadisierenden Renjägerleben zum mehr stationären Waldjäger- und Sammlerdasein. Vieles kündigt sich bereits an, das dann in der Jungsteinzeit zum endgültigen Durchbruch kommt. In der Technik sind es die Frühformen des Beils und der Hacke, die jetzt auftreten. Außer Ledergefäßen werden die ersten Tongefäße von Menschenhand geformt. Der Tag wird durch das Licht der Lampe verlängert, das Wasser mit Floß und Einbaum befahren, und im Hund erkennt man erstmals die vielfältigen Möglichkeiten einer Haustierhaltung. Der Mensch wird seßhaft, umherschweifende Jäger treten in den Hintergrund. Erste Voraussetzungen zur Einführung der Viehzucht und Herdenhaltung und dann des Ackerbaus bahnen sich an.

Gewiß leben auch noch alte Formen der Lebensweise und Werkzeugherstellung der Altsteinzeit ungebrochen weiter, aber die fünf Jahrtausende der Mittelsteinzeit bringen im Gebiet der Nordsee und der Ostsee mehr Erfindungen und Veränderungen hervor als 200 000 Jahre der Altsteinzeit.

Nach der Eiszeit bedeckt Wald wieder das flache Land. In der Mitte dieser Zeit entstehen im Beil und vor allem im Spaltkeil jene Werkzeuge, mit denen Bäume gefällt, Stämme gespalten und Hütten aus Holz gebaut werden können.

Landwirtschaft - ein Wandergewerbe: die Jungsteinzeit

An den bewaldeten Küsten und Inseln der Ostsee, in der Gegend von Ertebölle, Ellerbek, Wustrow und Lietzow, lebten die Jäger, Muschelsammler und Fischer in jeder Weise unbehelligt. In der warmen Litorinazeit, die ihren Namen nach einer damals in der Ostsee sehr häufig vorkommenden kleinen Schnecke erhalten hat, war zwar der Wasserspiegel der Ostsee erheblich angestiegen und hatte um 2600 v. u. Z. fast die heutige Strandlinie erreicht, aber für die aufgegebenen, überfluteten Wohnstätten waren andere sandige und warme Siedlungsplätze, immer in der Nähe des Wassers, bezogen worden. Das Klima war das wärmste und mildeste nach der Eiszeit, so warm, daß Weinreben sogar in der Umgebung des Mälarsees im mittleren Schweden gedeihen konnten.

Da beunruhigten Brände auf dem Festland am südlichen und östlichen Horizont zunehmend die Gemüter. Nun gab es in der warmen Jahreszeit immer wieder einmal Moor- und Waldbrände, aber diese lang anhaltenden Feuer schienen Jahr um Jahr näher zu kommen und flammten vor allem im zeitigen Frühjahr auf. Gewaltige Rauchschwaden trieben über das Land. Bald trafen auf den Inseln und in Jütland, wahrscheinlich von See her, erste Scharen fremder Menschen ein.

Es ist kaum anzunehmen, daß die Austernesser und ihre Verwandten die Neuen nur freundlich empfangen haben, die Busch und Wald niederschlugen und durch Abbrennen des Unterholzes das Wild verschreckten. So legten die Eindringlinge denn auch anfangs ihre Siedlungen möglichst weit entfernt von den Dörfern der Einheimischen an. Beide Gruppen hielten sich getrennt.

In Schweden, in Dänemark und in England ist man zu Ergebnissen gekommen, die sehr verschiedenartige Bilder von den Reaktionen der Jäger und Fischer auf die Einführung der Landwirtschaft liefern.

Aber interessant war doch, was man von den Fremden sah und hörte. Schafe, Saatgut und den Ard, einen einfachen Hakenpflug, hatten sie mitgebracht. Wie schafften sie es, daß ihnen kleine Auerochsen — Rinder — an der Leine friedlich folgten? Für Jagd und Fischfang zeigten sie wenig Interesse, waren aber nicht abgeneigt, gelegentlich Fische, Wild, Geweihgeräte und vor allem Bernstein einzutauschen.

Hauptsächlich beschäftigten sich die Familien — Männer, Frauen und Kinder — auf den abgebrannten Waldflächen, rissen den Boden auf, säten im Frühjahr und schnitten im Herbst Ähren und Rispen mit Steinsicheln ab. Im Herbst sammelten sie wie Jäger und Fischer Holunderbeeren und wilde Äpfel, Moosbeeren und Pilze.

Wir sind heute in der glücklichen Lage, durch Pollenanalysen die einzelnen Stufen der Landnahme verfolgen zu können. Die Auszählung der Blütenpollen in den einzelnen Bodenschichten ergibt, daß in eng begrenzten Bereichen Eiche, Linde, Esche und Ulme schlagartig zurückgingen. Winzige Kohlestückchen und Asche deuten auf Brandrodung. Dann bestimmen Pollen von Gerste und Weizen das Bild, durchsetzt mit Wildgräsern und windbestäubten Unkräutern, wie Wegerich und Schafskabiose, Pflanzen, die der Ausbreitung von Ackerbau und Viehzucht folgten.

Sehr bald verschwanden dann die Getreidespuren wieder. Es machte sich ein leichter Krautbewuchs breit, wie wir ihn heute noch auf beweideten Triften und Brachland antreffen. Das Aufkommen von schnellwüchsigen Bäumen, wie Birke, Erle und Haselstrauch, scheint durch Verbiß des weidenden Viehs gehemmt worden zu sein. Erst dann trat — etwas

Hakenpflug (Ard) aus einem jütländischen Moor

schwächer — wieder Wald auf, der von den Fachleuten „zweiter Eichenmischwald" genannt wird.

Brandrodung zwang also die Siedler, die Äcker nach einer gewissen Zeit wieder aufzugeben, wenn sie auch nicht mehr als Viehweide genutzt werden konnten. Die Bauern zogen weiter. Der Wald kam zurück, um vielleicht nach ein oder zwei Generationen erneut niedergebrannt zu werden.

Immer wieder wird behauptet, daß die Ackerflächen verlassen wurden, weil sie ausgemergelt waren. Dadurch, daß derartige Behauptungen in die Literatur geraten und immer weiter tradiert werden, wird der Sachverhalt nicht richtiger. Die damals bestellten leichten und mittleren Böden waren selbst ohne Düngung nach zwei bis drei Ernten keineswegs ausgelaugt. Die Dreifelderwirtschaft im Mittelalter macht deutlich, daß Brache für die Dauer eines Jahres den im Herbst gepflügten Boden durchaus zu regenerieren vermag, wenn Unkraut erfriert und Frost die Mineralstoffe des Bodens aufschließt.

Die Untersuchungen zeigen, daß jeweils eine rasch zunehmende Gras- und Unkrautdecke den Getreideanbau der Wanderbauern beeinträchtigte. Nach der Ernte im Herbst wurde damals der Boden nicht gepflügt, konnte also nicht ausfrieren. Nach zwei bis drei Jahren war dann die Grasnarbe so dicht, daß der leichte Hakenpflug nichts mehr auszurichten vermochte. Man riß im Frühjahr noch Saatfurchen auf, aber das Unkraut gewann sehr schnell die Oberhand.

Daß auf diesen jungsteinzeitlichen Ackerflächen der Weißklee und vom Rodungsbrand nicht erreichtes Wurzelunkraut vordrangen, ließ dann wenigstens noch ein Beweiden der für Kornanbau unbrauchbar gewordenen Flächen zu und zeigt außerdem, daß der Boden keineswegs ausgemergelt war.

Es besteht aber kein Zweifel, daß durch die mehrfache Brandrodung die Bodenstruktur zerstört und die spätere Ausbreitung der Heide in Mittel- und Westjütland und auf Rügen begünstigt wurde. Heutige dichte Waldungen auf Rügen, etwa um Ralswiek, sind in einer reinen Heidelandschaft erst um 1880 wieder aufgeforstet worden.

Die Landwirtschaft hat sich also weder in Westeuropa noch im Nordsee-Ostsee-Gebiet entwickelt, sondern wurde von

Gruppen fremder Völker eingeführt. Nach Westeuropa kamen diese Siedler von Süden und Südwesten. Sie sind uns schon aus der ersten Zeit der Landnahme durch vereinzelte, sorgfältig untersuchte Wohnplätze bekannt. In Köln-Lindenthal, im Federseegebiet am Bodensee, in Irland und in England, bei Peterborough und in Windmill Hill oberhalb des Hafens von Brixham, fanden sich gut erhaltene Siedlungen der Wanderbauern.

Die langen Wanderwege der ersten Bauern und Viehzüchter in das Gebiet südlich der Ostsee kann man noch nicht im einzelnen verfolgen. Dafür ist das einheimische Belegmaterial noch zu dürftig. Die Funde zeigen aber, daß mehrere Einwanderungsschübe aus verschiedenen Richtungen Landwirtschaft und Viehzucht im ersten großen Abschnitt der jüngeren Steinzeit begründeten. Der Wunsch nach neuem und geeignetem Land für Weiden und den Anbau von Getreide und Hülsenfrüchten muß den Völkerwanderungen der Steinzeit zugrunde gelegen haben. Sie wurden aber auch zugleich durch Klimaänderungen in Zentral- und Osteuropa und im Nahen Osten bedingt, wo sich am Ende des 4. Jahrtausends eine zunehmende Dürre bemerkbar machte. Daß die Hirten die Weiden verließen, die die Sonne versengte, und in andere Gebiete auswichen, liegt in der Natur ihres Lebensunterhalts. Ein Hirtenvolk ist nicht an ein bestimmtes Gebiet gebunden, sondern daran gewöhnt, sich innerhalb eines großen Bezirkes je nach der Gunst der Jahreszeiten zu bewegen. Auch die Bauern besaßen damals im Vergleich zu späteren Epochen eine sehr große Beweglichkeit. Nach einiger Zeit mußten sie notwendigerweise in neue Gebiete umziehen.

In das Ostseegebiet wurden die Errungenschaften von Landwirtschaft und erster Tierzucht jedenfalls durch Gruppen eines wahrscheinlich weitverzweigten Volkes, der Trichterbecherleute, von Südosten her gebracht, die bereits über alle für die neue Wirtschaftsform notwendigen Erfindungen und Voraussetzungen verfügten.

So waren beispielsweise Hülsenfrüchte und Getreide schon längst im östlichen Mittelmeergebiet kultiviert worden. Die Kombination von kohlehydratreichem Getreide und eiweiß-

Reich verzierter Trichterbecher mit Schnurösen. Die tief eingedrückten Ziermuster dieser Tiefstichkeramik wurden angebracht, um Farbstoff aufzunehmen. Mehrfach sind weiße Farbreste erhalten. Diese Gefäße besaßen also damals insgesamt eine glatte Oberfläche. Welche Hausfrau wollte wohl auch Töpfe reinigen, an denen sich Speisereste in den Tiefstichmustern hätten zäh festsetzen können?

reichen Hülsenfrüchten machte in den frühen Ackerbauzentren eine ausgeglichene Ernährung möglich. Die Auswertung archäologischer Funde, die Bestimmung der botanischen Wildformen und deren geographische Verbreitung zeigen, daß die Erbse *(Pisum sativum)* und die Linse *(Lens culinaris)* höchstwahrscheinlich vor dem 6. Jahrtausend v. u. Z. gleichzeitig mit Weizen und Gerste kultiviert wurden. Erbsen wurden in Siedlungen der frühen Jungsteinzeit (zwischen 7000 und 6000 v. u. Z.) in Jarmo im nördlichen Irak und in Cayönü in der südöstlichen Türkei gefunden. In Anatolien stieß man auf sie bei Funden aus der Zeit zwischen 5850 und 5000 v. u. Z. Die glatte Oberfläche der Früchte läßt hier schon auf eine längere Kultivierungszeit schließen. Auch in jungsteinzeitlichen Siedlungen des Balkans kommen Erbsen vor, während sie nördlich der Donau erst spät im Neolithikum und dann in größerem Maße in der Bronzezeit nachzuweisen sind. Man nimmt an, daß eine Wildform *(Pisum humile)* der Vorfahre unserer heutigen Gartenerbse ist. Kleine Linsen mit 2,5 bis 3 mm Durchmesser, die der Wildform *(Lens orientalis)* noch sehr nahestehen, wurden in Bauerndörfern aus der Zeit zwischen 6250 und 5000 v. u. Z. in Syrien, im Iran und in der Türkei gefunden. In Ebe Sabz im Iran gefundene Linsen aus der Zeit um 5000 v. u. Z. hatten bereits 4,2 mm Durchmesser, was auf einen gezielten Anbau von Sorten schließen läßt, die unseren heutigen Formen *(Lens culinaris)* eng verwandt sind.

Ihrer Wirtschaftsweise nach könnte man die neuen Siedler im östlichen und südlichen Ostseegebiet als Wanderbauern bezeichnen. Ihre Gefäße sind wesentlich feiner und reichhaltiger verziert als die der Einheimischen und werden ihrer auffallenden Form wegen Trichterbecher genannt.

In Dänemark konnten bisher sieben Siedlungen dieser Kolonisten genauer untersucht werden. Nach den bisher aus Südwesteuropa bekannten Wohnplätzen der ersten Landbebauer der Jungsteinzeit hegten die Archäologen keine allzu großen Erwartungen. Um so erstaunlicher war das Bild, das sich schon bei der ersten Grabung in Barkaer in Mitteljütland zeigte. Statt der erwarteten regellosen Anhäufung plumper Hütten ließen die Ausgrabungen einen klaren Bebauungsplan erkennen. Zwei Gebäude von 85 m Länge und 6,50 bzw. 7,50 m Breite waren durch eine 10 m breite Straße getrennt, die längs der Häuserreihe gepflastert war. Lange Folgen ausgerichteter Pfostenlöcher deuteten die alte Holzkonstruktion an. Eine mittlere Pfostenreihe hatte die Dachbalken getragen. Als die Ausgräber behutsam die Sandschichten von der Bodenfläche entfernten, zeigte sich, daß jeder Langbau in 26 Räume geteilt worden war, die bei 3,50 m Länge jeweils die volle Breite des Hauses eingenommen hatten. Die Zwischenwände bestanden aus dickem Flechtwerk, aber ohne Lehmbewurf. Die Fußböden waren aus hellem Sand aufgeschüttet, in dem sich die Feuerstellen mit unterschiedlich starken Ruß- und Ascheschichten deutlich abzeichneten.

So fanden sich in den beiden Langhäusern 52 rechteckige Räume von gleicher Größe und Form. F. Schlette vermutet, daß diese Siedler eine Gesellschaftsform ohne Klassenunterschiede hatten, im deutlichen Gegensatz zur aristokratischen Gesellschaft der Bronzezeit. Das heißt allerdings nicht, daß es nicht in anderen Gebieten auch schon in der Jungsteinzeit erheblich differenziertere Gesellschaftsstrukturen gab.

Unversehrte Werkzeuge und Gefäße wurden nur vereinzelt gefunden. Als die Bauern nach 10 bis 15 Jahren die Siedlung verließen, um entferntere Wälder abzubrennen und urbar zu machen, nahmen sie offenbar alles Brauchbare mit. Die vorgefundenen, zerbrochenen Feuersteinbeile sind geschliffen und poliert, beides typische Kennzeichen für ihre Entstehung in der Jungsteinzeit. Mit einem der sehr schweren und scharf geschliffenen Feuersteinbeile fällten die Ausgräber in 8 Minuten einen 20 cm starken Baum.

Außer Messern und Pfeilspitzen aus Feuerstein fallen vor allem die großen Trogmühlen mit Reibsteinen auf, in aller Welt Kennzeichen erster Getreideverarbeitung.

Auch Tonflaschen mit einem Wulst am Halsansatz gab es, „Kragenflaschen" genannt, die deutlich an ihre Urform, die Lederflasche der Hirten und Nomaden, erinnern. Diese Keramik und die typischen Beilformen der Siedler fanden sich dann, nur wenig weiterentwickelt, in den Großsteingräbern des Nordens. Dieser enge Zusammenhang zwischen den Einwanderern mit den Trichterbechern und den sich kurze Zeit später durch ihre auffälligen Bauten bemerkbar machenden Großsteingräberleuten ist eigentlich erst in den letzten Jahren durch systematische Erforschung der Hünengräber in Mecklenburg und die gleichzeitige — inzwischen wenigstens teilweise erfolgreiche — Suche nach jungsteinzeitlichen Siedlungen der Trichterbecherleute deutlich geworden.

Nach der Straße mit den Einzimmerwohnungen zu urteilen, werden in der Kolonie etwa hundert Erwachsene gelebt haben. Die breite Straße zwischen den Häusern wurde ver-

Mit einem großen Wetzstein wird ein Beil geschliffen. Der Schleifstein wird durch das Moos naßgehalten, die Beilklinge steckt in einem Astloch.

mutlich als „Stall" für das Vieh benutzt, sie nahm abends die Rinder, Schafe und Ziegen auf.

Es ist anzunehmen, daß die Wanderbauern von Barkaer außer Saatgut, Haustieren, verschiedenartiger Keramik, Kornmühlen und Feuersteinsicheln auch den Pflug mitgebracht haben. Den ältesten Hakenpflug, Ard genannt, fand man in einem dänischen Moor, allerdings in einer etwas jüngeren Schicht. Einige Forscher billigen dem Ard noch nicht die Bezeichnung Pflug zu, sondern sprechen nur vom „Furchenstock". Als ältesten echten Pflug der Welt bezeichnen sie einen hölzernen Sohlenpflug mit einem 3 m langen Pflugbaum aus der frühen Bronzezeit, der aus einem Torfmoor bei Walle in Ostfriesland geborgen wurde.

Jedenfalls zog ein Rind den Ard kreuz und quer so über den Acker, daß die Erde aufgelockert wurde und Furchen für die Saat entstanden. Außerdem sind vermutlich auch Hacke, Grabstock und Spaten verwendet worden. Brandrodung ergibt auch heute noch – etwa in Brasilien – keine sauberen Akkerflächen. Zwischen Wurzeln, Stubben und Steinen wird das Getreide bald von Gras und Unkraut bedrängt.

Die damals angebauten Getreidearten kennen wir aus Funden von geröstetem und angekohltem Korn und dann durch Abdrücke in Tongefäßen. Beim Formen der Gefäße wurden Getreidekörner zufällig in den rohen Ton eingedrückt und hinterließen nach dem Brennen genaue Abdrücke, denen zufolge man die Getreidearten bestimmen kann: Einkorn, Emmer, Zwergweizen und sechszeilige Gerste. Einkorn und Emmer sind kleine, primitive Weizensorten, die den wilden Weizenarten nahestehen. Diese Sorten sind sehr abgehärtet und geben ein gutes Mehl. Ihre Urheimat scheint im nördlichen Mesopotamien gelegen zu haben, wo es ebenso wie in Kleinasien noch heute wildwachsenden Weizen gibt. Emmer war schon die Hauptgetreideart der Ägypter. Sie wurde auch in den steinzeitlichen Pfahlbauten am Bodensee gefunden sowie in Ungarn und Babylonien.

Zwergweizen ist eine besonders leicht zu dreschende Sorte, die durch Kreuzung von Wildemmer und einem Wildgras ebenfalls im mittleren Asien sicherlich an mehreren Stellen gleichzeitig kultiviert wurde.

Bei der Gerste handelt es sich um eine heute verschwundene, ebenfalls leicht zu dreschende Art, die wohl auch zuerst in Südwestasien kultiviert wurde und auf zwei Wegen, über Nordafrika, Spanien und Frankreich und dann über den Balkan und die Ebenen nördlich des Schwarzen Meeres, nach Mitteleuropa gelangte.

Erwähnt seien noch die überaus zahlreichen Funde von Bernsteinschmuck, meist in Form von Perlen. Die neuen Siedler müssen sich im Gegensatz zu den Einheimischen sehr für diesen Schmuck interessiert haben. Anhäufungen von 4000, 8000, ja selbst 13 000 runden, länglichen oder dreieckigen Perlen sind aus dem Fundmaterial bekannt, dazu flache, recht große, feinverzierte Bernsteinscherben, wahrscheinlich End- oder Zwischenstücke von Perlenketten. Zum Aufbohren der Perlen wurden sorgfältig bearbeitete Feuersteinspitzen verwendet, und zwar im Lager der Siedler, nicht der Einheimischen; denn hier bei den Trichterbecherleuten fand sich in

Erste Getreidearten
der Wanderbauern:
Weizen, Gerste und Hirse.
1 — Einkorn; 2 — Emmer;
3 — Zwergweizen;
4 — sechszeilige Gerste;
5 — Echte Hirse;
6 — Hühnerhirse

Beim Pflügen mit dem Haken-Ard. Felszeichnung aus Südschweden

einer Perle noch eine abgebrochene Bohrerspitze aus Feuerstein.

Nachdenklich muß es stimmen, daß sich die Ankömmlinge von Barkaer auf einer Insel im See festsetzten und auch die anderen bisher bekannten ältesten Siedlungen an günstig zu verteidigenden Plätzen angelegt worden waren. Daran hatten die Kjökkenmöddinger und die Ellerbeker bei der Wahl ihrer Siedlungsplätze nicht zu denken brauchen. Hier trafen doch zwei grundverschiedene Sozialformen aufeinander, die Lebensformen kollidierten, auch wenn sich das Verhältnis nicht überall feindlich gestaltete.

Offenbar haben die Kjökkenmöddinger und die Leute von Ellerbek zuerst das „Eis gebrochen" und Schritte zu einer friedlichen Begegnung getan, denn wir finden ihre Werkzeuge in den Siedlungen der Trichterbecherleute. Unklar bleibt, warum Werkzeuge und Geräte der Trichterbecherleute der ältesten Zeit nicht den Weg in die Siedlungen der Einheimischen gefunden haben, nicht einmal das geschliffene Steinbeil. Dabei ist das geschliffene Feuersteinbeil zweifellos eine glänzende Erfindung gewesen. Der Feuerstein ist ein in seinen mechanischen Eigenschaften dem Glas verwandter Werkstoff, der beim Schlag mit muscheligem Bruch springt und scharfe Späne und Abschläge ergibt. Ein geschickter Feuersteinschläger vermochte schon in der Mittelsteinzeit durch Druck oder Schlag dem Werkstück aus Feuerstein die gewünschte Form zu geben. Aber die muscheligen Bruchflächen waren schlag- und druckempfindlich und platzten bei der Benutzung des Beils weiter ab. Nun kam man darauf, den Rohling durch geduldigen Schliff mit Wasser und Sand und einem geeigneten Stein so zu schleifen, daß die muscheligen Schlagkanten verschwanden und die Schneide des neuen Werkzeugs glatt und gerade wurde. War die Klinge überdies noch poliert, entstand nicht mehr bloß ein schneidender Feuerstein, sondern eine ideal glatte, dem Holz kaum noch Angriffspunkte bietende Beilschneide. Man besaß nun ein Gerät, mit dem man Bäume zu fällen und Stämme zu bearbeiten vermochte. Dem sonst beim Schlag leicht zerspringenden Feuerstein waren durch Schliff und Politur die erheblichen Nachteile des spröden Werkstoffs genommen worden. Der Besitzer eines solchen Beils konnte es z. B. beim Bau eines Hauses gut gebrauchen.

Die Lebensweise der Wanderbauern scheint insgesamt doch wohl recht mühevoll gewesen zu sein und hat die Jäger und Fischer offenbar nicht sehr beeindrucken können. Die Vorteile des Getreideanbaus, der Viehzucht und des Gebrauchs besserer, geschliffener Werkzeuge traten erst nach und nach in Erscheinung.

Diese Neuerungen waren offensichtlich nicht so überzeugend, wie wir uns das heute vorstellen. Schwere körperliche Arbeit beim Hausbau, bei der Vorbereitung der Brandrodung und bei den Pflegearbeiten auf den bestellten Äckern sowie die Bindung an einen bestimmten Wohnplatz für längere Zeit behagten den Jägern und Sammlern nicht. Nur die Viehzucht und Herdenhaltung scheint sich bald allgemein eingebürgert zu haben. Noch viele Generationen lang lebten die einheimischen Jäger und Fischer in gewohnter Weise weiter. In den nördlichen Rückzugsgebieten Jütlands, in Västerbjers in Schweden, in Tangermünde, Kreis Stendal, aber auch auf dem Fischland und um Lietzow auf Rügen haben sich wahrscheinlich während der ganzen Dauer der Jungsteinzeit noch Restgruppen mit mittelsteinzeitlichen Produktionsmethoden erhalten.

Eine solche „zurückgebliebene" Gruppe waren auch die Leute vom Ostorfer See bei Schwerin. Inmitten der Bauern und Viehzüchter der Trichterbecherkultur lebten sie weiterhin ausschließlich als Jäger, Sammler und Fischer. Auf der Insel Tannenwerder im Ostorfer See hatten sie in Flachgräbern ihre Toten bestattet. Fast alle der bisher bekannten 51 Gräber waren außerordentlich reich mit Grabbeigaben ausgestattet. Ketten aus durchlochten Bärenzähnen und Bernstein, Armbänder aus Wolfszähnen, Pfeilspitzen und vielfältige Werkzeuge in den Gräbern lassen ahnen, daß man durchaus nicht armselig gelebt hat.

Die „Mode" war seit der ausgehenden Eiszeit verhältnismäßig „konservativ" und bestand aus einer Fellbekleidung, die der heutigen arktischen Tracht ähnlich ist. Wie schon seit dem Ende der Altsteinzeit trugen auch in der Jungsteinzeit die Frauen bereits Röcke und die Männer Hosen und Jacken.

In der Lebensweise ist erst Jahrhunderte später, am Ende der jüngeren Ganggrabzeit, eine Anpassung mesolithischer Restgruppen an die sie umgebende Bauernbevölkerung zu erkennen. Die Schichtenfolge in den Siedlungen der Einheimischen macht deutlich, wie die Lebensweise der Trichterbecherleute und vor allem ihre Neuerungen allmählich übernommen wurden, zuerst das Hausschwein, dann die Kuh und schließlich der Mahlstein. Ob man das Brotgetreide eintauschte oder dann seit der Benutzung erster Mahlsteine auch selbst anbaute, ist bisher unklar.

Überall dort, wo man Getreide und später auch Hülsenfrüchte zu Schrot oder Mehl verarbeitete, brauchte man Mühlen oder Mörser. In ihrer einfachsten und ältesten Form begegnen sie uns schon bei den Trichterbecherleuten als Steine mit schüsselförmiger Vertiefung. Mit einem handlichen runden Stein wurde das Getreide in der Steinmulde zerrieben. Später gab es dann außer Reibsteinen auch Reibschüsseln. Solche meist aus keramischem Material hergestellten Mörser gehörten noch zur Ausrüstung römischer Legionäre, die damit ihre Getreidezuteilung aufbereiteten.

Besser orientiert sind wir über die Verwendungsform des Getreides und die Vorstufen des Brotes. Hier ist vor allem

Röstkorn zu nennen, das immer wieder in den Fundschichten auftaucht und sich oft dort, wo es sehr stark geröstet oder gar angekohlt war, ausgezeichnet erhalten hat. Man hatte bemerkt, daß sich geröstetes Korn besser aufbewahren ließ als rohes Getreide, weil es durch den Wasserentzug nicht so leicht schimmelig wurde und außerdem viel bekömmlicher war – durch den Aufschluß von Nährstoffen unter der Hitzeeinwirkung, wie wir heute wissen. Eine Handvoll Getreidekörner, mehr oder weniger grob im Mörser geschrotet, mehr leistete man sich nicht. Noch in der Bronzezeit wurden gelegentlich auch ungeröstete Körner gegessen, ja sogar den Gästen Getreide roh vorgesetzt, wie die Bibel (2. Kg. 4,42) überliefert.

Schriftliche Aufzeichnungen darüber haben wir allerdings erst aus der Bronzezeit. Röstkorn war noch beim Durchzug von Halbnomadenfamilien durch den Jordan bei Gilgal das Hauptnahrungsmittel (Josua 5,11). Aus Röstkorn bestanden auch die Mahlzeiten der Schnitter in Kanaan, und Röstkorn brachte David seinen Brüdern ins Feld (1. Samuel 17,17), als sie gegen die Philister kämpften. Nur der Hauptmann erhielt statt dessen zehn Stück Käse.

Allerdings begnügten sich schon die Menschen der Jungsteinzeit nicht nur mit der Verwendung von Getreide als Röstkorn. Aus geschroteter Gerste wurden mit etwas Salz und Gewürzen ungesäuerte Fladen gebacken. Auch wenn es keine Feinschmeckerkost war, so haben sich diese „Gerstenbrote" doch als haltbarer und praktischer Proviant der Hirten und Nomaden seit der Jungsteinzeit durch die Jahrtausende hindurch bewährt. Dagegen finden sich in unserem Arbeitsbereich keine Hinweise auf Brot, das durch Triebmittel gelockert worden wäre, obwohl man schon im alten Ägypten Sauerteig zu verwenden gelernt hatte und Brot im heutigen Sinn zu backen verstand. Noch zu Beginn der Eisenzeit lehnten die Halbnomaden der Sinaihalbinsel das lockere ägyptische Brot ab und blieben – zumal bei ihren Festen – offensichtlich mit einer Tendenz zu ritueller und nationaler Abgrenzung bei ihren ungesäuerten, harten Gerstenfladen (Matzen; 2. Mos. 12,8).

Eine weitere Brotvorstufe war das Herstellen eines Breis aus Schrot oder Mehl mit Wasser, etwas Öl und Salz. Entzog man dem Brei durch Erhitzen in einer Pfanne oder in einem Topf die Flüssigkeit, so gab es haltbare Fladen. Bevor sie gegessen wurden, brach man sie in Stücke, die mit Öl bestrichen oder auch mit Milch übergossen wurden.

Fladen sind also gebackener Getreidebrei, und ihre Erfindung in der Jungsteinzeit war eine Großtat für die menschliche Ernährung. Ob der Entdeckung ein Mißgeschick zugrunde lag — etwa daß Weizensuppe auf dem Feuer eindickte, der Topf platzte und sich der warme Fladen doch noch als genießbar, sogar als schmackhaft erwies —, mag dahingestellt bleiben. Aber da eine Entdeckung meist andere nach sich zieht, lernte man auch, erkaltete, harte Fladen als konzentriertes Nahrungsmittel zu verwenden.

Chemische und mikroskopische Untersuchungen von Nahrungsresten aus urgeschichtlichen Siedlungen und in Gefäßen von Grabbeigaben haben erwiesen, daß man seit der jüngeren Steinzeit große Vorliebe für Brei und Grütze hegte, die mit Wasser und Fett gekocht und mit Milch aufgefüllt worden waren. Gern setzte man dem Brei Leinsamen zu. Mit Reagenzglas und Mikroskop stellten die Nahrungsmittelchemiker weiterhin fest, daß man den Brei durch Beigabe von Wildgemüse, Fleisch, Fisch oder Knochenmark verbessert hatte. Mehrfach wurden in Breiresten Himbeeren, Brombeeren, Honig und Haselnüsse nachgewiesen.

Der gegenseitige Austausch von alten Traditionen und neuen Erfindungen war in jedem Fall ein sehr langwieriger Prozeß. Erst um 2200 v. u. Z. waren in Jütland die Siedlungen der Einheimischen von den Dörfern der Bauern der Trichterbecherkultur nicht mehr zu unterscheiden. Aber noch für längere Zeit hatte die Tierhaltung gegenüber dem Ackerbau eine gleichwertige, wenn nicht sogar vorrangige Bedeutung.

Den Abschluß des Assimilationsvorgangs scheint die allgemeine Annahme einer neuen Bestattungsform gebildet zu haben. Man fing an, die Toten in Großsteingräbern, eingefaßt und umfriedet mit einem Kranz von Findlingen, beizusetzen. Es begann die Zeit der Hünengräber und Steinkreise.

Die Sprache der großen Steine

Die Großsteingräber wurden niemals „entdeckt" — sie waren ja immer bekannt und sichtbar geblieben. In allen Tiefländern im Küstengebiet West- und Nordeuropas finden sich noch heute in großer Anzahl Megalithgräber, mit oder ohne deckende Erdhügel, oft von zahlreichen Steinen ringförmig oder rechteckig umgeben. Gruppen aufgerichteter Felsblöcke, meist kaum bearbeitet, Findlinge aus dem Gletscherschutt der Eiszeiten, grasbewachsen, von Gestrüpp und Bäumen überwuchert, vielfach fast verdeckt, so haben die Grabanlagen Jahrtausende überdauert.

Einige waren ebenso wie die sie umgebenden Steinkreise rund angelegt, andere hatten ovale Form. Monumentale, rechteckige Steinsetzungen — Hünenbetten genannt — finden sich neben kleineren, trapezförmigen Begrenzungen. Die einfachen Anlagen werden meist als Dolmen bezeichnet, während Grabkammern mit besonderen Zugängen Ganggräber heißen. Für einzelne Personen aus Felsplatten errichtete und nach der Bestattung verschlossene Gräber werden „Steinkisten" genannt.

Sicher waren die meisten Großsteingräber im Norden ursprünglich etwa bis zur Höhe der Decksteine mit Erde bedeckt. Eigenartigerweise sind besonders die großen Grabkammern oft vollständig unter Erdhügeln verborgen. So kann man einem unversehrten Hügelgrab nicht ansehen, ob es ein Großsteingrab, eine Steinkiste oder einen bronzezeitlichen Baumsarg enthält. Bis in die Slawenzeit hinein sind immer wieder über Gräbern große und kleine Erdhügel aufgeworfen worden.

Einige Hügel heben sich kaum von ihrer Umgebung ab, scheinen einzeln oder in unregelmäßigen Gruppen angelegt worden zu sein. Andere erreichen die Höhe mehrstöckiger Häuser. Geländekuppen und kleine Höhenzüge wurden für

Erweiterter Dolmen im Nemerower Holz bei Neubrandenburg. Das Großsteingrab wurde 1877 zur Steingewinnung freigelegt und zerstört.

die Anlage von Grabhügeln bevorzugt. Findet man mehrere Hünengräber in einer Reihe, kann man annehmen, daß am Fuß der Gräberkette einst ein Weg oder eine Handelsstraße vorbeiführte.

In West- und Südeuropa sind Gruppen freistehender Steinblöcke mit einem großen Felsen wie eine Tischplatte abgedeckt. Rätselhaft bleiben immer noch die von Menschenhand errichteten, einzeln stehenden Steinsäulen, die Menhire oder Monolithen genannt werden (monos, allein; lithos, Stein). Ein noch heute aufrecht stehender Monolith in der Bretagne weist eine Höhe von 9,5 m auf und wiegt 150 t. An der bretonischen Küste liegt ein umgestürzter Menhir von 20 m Länge und 350 t Gewicht. Kleinere Menhire von 2 bis 3 m Höhe in ihrem über dem Erdboden sichtbaren Teil treten vereinzelt auch in Mitteleuropa auf, so im sächsischen und thüringischen Raum, am Plauer See und im Bezirk Rostock.

Vor allem in der Bretagne sind Tausende von Felsblöcken in kilometerlangen Reihen und Alleen aufgestellt, sorgfältig nach der Größe gestaffelt. Allein die Steinreihen von Carnac vereinigen mehr als 3000 Steinblöcke. Hierbei handelt es sich im Gegensatz zu Nordeuropa, England und Irland nicht um eiszeitliche Geschiebe, denn die Bretagne liegt etwa 500 km von der äußersten Vereisungsgrenze entfernt. Vielmehr wurden diese Felsblöcke meist in nahe liegenden Steinbrüchen gewonnen. Die insgesamt 41 Purpurschieferblöcke der monumentalen Anlage „Feenfels" im Departement Ille-et-Vilaine wurden in 4 km Entfernung gebrochen.

So kann man sagen, daß die megalithischen Gräber und Anlagen in den verschiedensten Breiten Europas eine unglaubliche Vielfalt baulicher Varianten aufweisen. Das betrifft sowohl das äußere Erscheinungsbild der Dolmen, Hügelgräber, Steinkreise und Säulensteine als auch die Anlage und Bauweise der Grabkammern selbst und ihrer Zugänge.

Ursprung, Entwicklung der megalithischen Grabformen und ihre Zuordnung zu gewissen Kulturkreisen sind ein Thema, das die europäischen Vorgeschichtsforscher schon seit Generationen beschäftigt. Trotzdem sehen sich die Wissenschaftler noch nicht in der Lage, die mit der Verbreitung

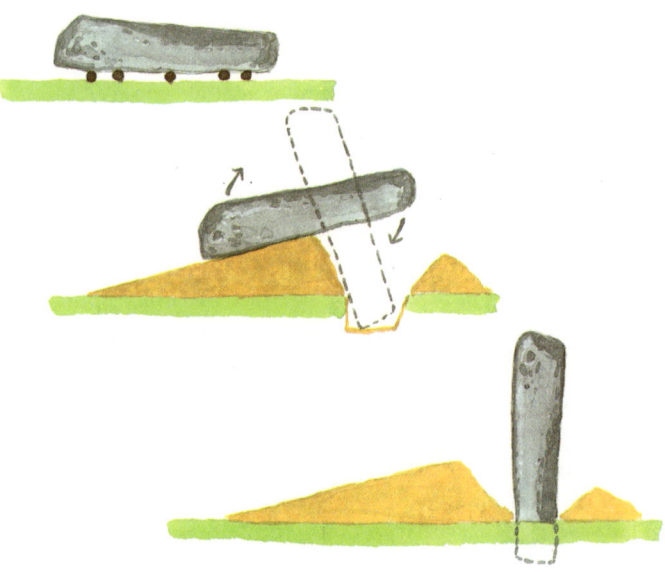

Transportieren und Aufrichten großer Dolmensteine und Menhire

der Dolmenkultur auftretenden Probleme und vor allem die regionalen Querverbindungen zwischen den für ganz bestimmte Gebiete typischen Bauformen und technischen Eigenheiten zu erklären.

Neuerdings haben sich auch brasilianische Fachleute in die Diskussion eingeschaltet, da auch in ihrem Land in Küstennähe vorgeschichtliche Großsteingräber entdeckt worden sind.

Die Frage nach der Herkunft des Baugedankens der Dolmen ist tatsächlich wesentlich komplizierter, als man beim Anblick eines Großsteingrabes an der Warnow oder in der Lüneburger Heide vermuten möchte. Die Häuser der Dolmenerbauer waren aus Holz errichtet, meist in Pfostenbauweise ohne jedes Steinfundament. Welche Vorstellungen haben die Menschen damals zu bewegen vermocht, zu Ehren ihrer Toten, vielleicht auch ihrer Sippe, derartig aufwendige Steinbauten zu errichten? Der heute noch aufrecht stehende Menhir bei Kerloas in der Bretagne mit mehr als 150 t Gewicht wurde nachweislich 2,5 km weit transportiert, bevor man ihn mit Rollen auf eine Erdrampe zog, abkippte und dann aufrichtete.

Wahrscheinlich sind Rinder bei solchen Transporten als Zugtiere verwendet worden, die man ja auch schon, Aussagen schwedischer Felszeichnungen zufolge, vor Hakenpflüge spannte.

Die Felsen, die noch heute als Tragsteine mit einem Gewicht von 50 t und einer Höhe bis zu 8 m in der Kultstätte in Stonehenge in Südengland allgemeine Bewunderung erregen, stammen aus einem Steinbruch, der fast 230 km von der Baustelle entfernt ist. Einen einzigen 50 t schweren Stein 230 km weit, z. T. auf einem Floß, zu transportieren, das bedeutet eine gleich schwere Arbeit wie die Beförderung eines Blocks von acht vollgeladenen Autobussen auf Feldwegen und – ohne Benutzung von Rädern. Jedoch bleibt die Transportfrage nicht das einzige Rätsel, vor das uns die großen Steine stellen.

Die Verbreitungskarte der megalithischen Grabformen macht ein weiteres Problem deutlich: Nicht nur in Nord- und

Mitteleuropa, sondern auch in weiten Küstengebieten West- und Südeuropas, Nordafrikas, Syriens, Palästinas, am Nordufer des Schwarzen Meeres und auf der arabischen Halbinsel waren vom frühen 4. Jahrtausend bis zum 2. Jahrtausend v. u. Z. gemeinsame Bestattungen in Großsteingräbern üblich. Wo stand nun die Wiege dieser Kultur?

Zeichnen sich vielleicht verschiedene megalithische Kulturkreise mit noch erkennbaren Zentren ab? Ein solcher Siedlungskern von Großsteingräberleuten bestand sicherlich in Irland. Dort zählt man heute noch 1000 Großsteingräber, darunter das einzigartige Königsgrab von New Grange. Unter einem Hügel von 90 m Durchmesser verbirgt sich ein Ganggrab von 20 m Länge, dessen Wandsteine mit magischen Zeichen bedeckt sind. Selbst die einsamen und unwirtlichen Orkneyinseln an der Nordspitze Schottlands haben noch Dutzende von Megalithgräbern aufzuweisen. Der größte derartige Grabhügel bei Maes Howe wurde bereits 1150 u. Z. von Wikingern aufgebrochen. In Runenschrift hat der Ritter Rognvald an Ort und Stelle den Abtransport einer großen Beute an Waffen und Edelmetallen aus dem Grabschatz bestätigt.

Auch aus England und Schottland sind viele Tausende vermessener und untersuchter vorgeschichtlicher Bauten und Gräber bekannt. In Südengland liegt der Silbury Hill, ein Grabhügel aus 350 000 m³ Steinen, Schotter und Erde, 43 m hoch, mit einem Durchmesser von 180 m. Der größte bronzezeitliche Grabhügel unseres Landes, der Dobberworth bei Sagard auf Rügen, wirkt mit 12 m Höhe und 22 000 m³ Erde dagegen bescheiden.

Nördlich von Salisbury in Südengland findet sich das bedeutendste megalithische Denkmal Europas, die Kultanlage von Stonehenge. Das Sonnenheiligtum mit einem Durchmesser von 114 m ist von einem Graben umgeben. Um einen zentral gelegenen Altarstein sind zwei hufeisenförmige Steinsetzungen, zwei Ringe aus 79 Steinpfeilern und ein weiterer Ring mit 56 kleinen Gruben angeordnet. Einige besonders auffallende Steine sind offenbar auf bestimmte Punkte der Sonnenlaufbahn ausgerichtet gewesen.

Verbreitung der Großsteingräber

Steinalleen bei Carnac in der Bretagne. Von einem Kultplatz, einem großen Halbkreis aus 70 Felsplatten, gehen die meisten der elf ungefähr parallelen Steinreihen mit 1099 Findlingen aus. In einem phantastischen Aufmarsch von mehr als 100 m Breite verlieren sich die Steine der Alleen in 1167 m Entfernung in Heidekraut und Buschwerk. Die letzten Steine sind knapp 60 cm hoch, während die massiven Blöcke, die die Reihen eröffnen, 4 m messen.

Ein weiteres Zentrum der Megalithbauten begegnet uns in Frankreich. An der bretonischen Küste erstreckt sich von der Halbinsel Quiberon bis zum Golf von Morbihan ein einziger unermeßlicher, steinzeitlicher Friedhof. Weithin sichtbare Hügel, aufgetürmte Steingräber und riesige Steinalleen beherrschen die Landschaft. Der Entschlüsselung der bretonischen Felsbilder in dem Riesenganggrab auf der Insel Gavr' Inis hat A. Meyer in Rostock ein Stück seiner Lebensarbeit gewidmet. Sollte hier das Zentrum oder vielleicht sogar der Ausgangspunkt der Verbreitung der im östlichen Mittelmeergebiet aufgekommenen neuen Bestattungsriten gelegen haben?

Wenn man hört, daß in Dänemark heute noch 24 000 vorgeschichtliche Dolmen, Grabhügel und Steinkreise vorhanden sind, könnte man auf den Gedanken kommen, hier im Gebiet gewaltiger eiszeitlicher Ablagerungen mit zahllosen Findlingsblöcken die Urheimat der Großsteingräber zu suchen. Aber die nordische Ganggrabzeit wird für Jütland und die Küsten der südlichen Ostsee um 2500 v. u. Z. datiert. Die Blüte der spanisch-portugiesischen Megalithkultur fällt wahrscheinlich ebenso wie der Bau der zahlreichen Anlagen auf Malta, Korsika und Sardinien in die Zeit nach 3000 v. u. Z., alle Anlagen im Norden sind also jünger.

Auf Sardinien gehen außer ungezählten „Gigantengräbern" etwa 3000 Nuragen – runde, kegelförmige Wehrtürme – auf die Großsteingräberleute zurück. Auch auf Korsika findet der Forscher weiträumig verteilte Gruppen von Dolmen, Kuppelgräbern und Steinalleen, heute oft völlig von Gestrüpp überwuchert.

Auf Malta wurde im Jahre 1902 ein unterirdischer, mehrstöckiger Bau, ein Labyrinth von Steinen und Steinkammern, entdeckt. Es fanden sich noch die Gebeine von etwa 7000

Im Umkreis von nur wenigen Kilometern finden sich drei weitere Anlagen mit großen Steinkreisen und jeweils mehr als 1000 Monolithen. Wozu diese riesigen Steinsetzungen? Hier ist ebenfalls eine kultische, vielleicht auch eine astronomische Bedeutung anzunehmen. Trotzdem bleibt rätselhaft, welche Motive einen ganzen Stamm zu derartigen Gemeinschaftsleistungen anzuspornen vermochten.

Menschen, die in der Steinzeit dort bestattet worden waren. Auf der Malta vorgelagerten Insel Gozo hatte man eine der zahllosen Grabkammern mit einem mehr als 50 t schweren Deckstein verschlossen.

Die Dolmen in Syrien und Arabien scheinen nach dem heutigen Stand der allerdings sehr lückenhaften Forschungen noch vor den ägyptischen Pyramiden und den Kuppelgräbern der Kyrenaika in Libyen errichtet worden zu sein. Die Cheopspyramide entstand um 2700 v. u. Z.

So scheint zunächst vieles für eine Ausbreitung der Großsteingrabidee im Zusammenhang mit einer Kolonisation von Südosten nach Nordwesten zu sprechen. Der Gedanke, daß das Gebiet des „fruchtbaren Halbmondes" — Syrien, Palästina und Arabien — der Ausgangspunkt gewesen sein könnte, schien dadurch bestätigt, daß es die ältesten Großsteingräber und Dolmen aus unbehauenen Steinen nur in diesem Gebiet, nicht aber in Mesopotamien und Ägypten gibt.

Im Britischen Museum in London wird ein vor kurzer Zeit entdecktes Großsteingrab aus der Gegend von Jericho aus dem 9. Jahrtausend v. u. Z. gezeigt. Aber auch in Ägypten bestimmen Pyramiden und Obelisken die Landschaft. Es sind jedoch jüngere, weiterentwickelte und durchgeformte Folgerungen der Megalithvorstellungen, nicht ihr Ursprung.

Die Suche nach neuen Zinn- und Kupfervorkommen hätte für den Orient der tiefere Grund für die Erschließung der See- und Handelswege längs der Nordküste Afrikas nach Spanien und Portugal sein können. Auf dem Seeweg wären dann Irland und England mit ihrem Metallreichtum und auf dem Landweg über das Rhonetal Frankreich erreicht worden.

In Andalusien trifft man die meisten Großsteingräber Spaniens an. Der Grund schien verständlich, denn in diesem Gebiet war der Anlegeplatz der Schiffe aus dem Osten und zugleich das reichste Silber- und Kupfervorkommen in ganz Spanien.

Die Handelsniederlassungen an den Küsten strahlten dann auch die neuen, anspruchsvollen kultischen Ideen aus. In der Nähe der Häfen, im Küstenbereich, finden sich die Großsteingräber, nicht im Binnenland. Eine Ausnahme bildet nur die Landbrücke mit Steinsetzungen vom Rhonetal über Südfrankreich nach Norden bis zur Kanalküste, also eine Abkürzung des uralten Seeweges um die Iberische Halbinsel. Auf dieser Handelsstraße wurden noch in römischer Zeit große Mengen britischen Zinns nach Italien verfrachtet.

Für diesen Wanderweg schien außer vielen anderen Einzelheiten auch die Tatsache zu sprechen, daß die Steinreihen in Carnac in der Bretagne genau jenen von Gezer in Palästina gleichen. Ägyptische Perlen in irischen Dolmen bestätigen die alten Handelsverbindungen zwischen Orient und Nordwesteuropa ebenso wie zahlreiche minoische Bronzedolche aus Kreta aus der Zeit um 2400 v. u. Z., die im Zinngebiet von Cornwall in Südengland gefunden wurden.

Alles schien sich widerspruchslos zum Bild einer Kolonisation des Nordens vom Süden her über Spanien, Frankreich und England ineinanderzufügen — bis zum Jahre 1963. Da brachten intensive Kohlenstoff-14-Datierungen umwälzende Erkenntnisse über das Alter der Großsteingräber: Zwar scheinen die syrisch-arabischen Dolmen tatsächlich die ältesten Großsteingräber zu sein, aber dann folgen zeitlich die nächstjüngeren Ganggräber bei Barnenez in der Bretagne ab 4500 v. u. Z., kurz darauf die Anlagen in Irland und danach in England. Alle anderen Großsteingräber sind 700 bis 1700 Jahre später errichtet. Die jüngsten Dolmen finden sich in Mecklenburg gewissermaßen *als letzte Ausläufer der Megalithkultur.*

Mit Sicherheit läßt sich dagegen sagen, daß die frühesten Radiokarbondaten für Großsteingräber — abgesehen von Syrien und Arabien —, die uns gegenwärtig zur Verfügung stehen, darauf hindeuten, daß die großen Gräber in der Bretagne zeitlich mindestens 700 Jahre früher anzusetzen sind als die monumentalen Steinbauten der Iberischen Halbinsel, von denen noch Tausende unerforscht sind. Ein umgekehrtes Ergebnis hätte man erwartet, wenn die Megalithkultur den Weg über Spanien und die Bretagne nach dem Norden genommen hätte.

Bisher scheinen aber nur die Angaben aus Irland, England und Frankreich völlig gesichert. Erst nach der Veröffentlichung weiterer einwandfreier Daten, vor allem von Korsika,

Sardinien, Spanien und Portugal, wird sich Abschließendes über Herkunft und Wanderweg der Megalithidee sagen lassen. Augenblicklich scheint die Lösung in der Richtung zu liegen, wie sie die englische Archäologin E. Shee gewiesen hat: „Wenn sich in Zukunft keine früheren Daten finden lassen, wird es erforderlich sein, ernsthaft zu erwägen, ob nicht in Wirklichkeit die Ganggräber der Bretagne die frühesten megalithischen Grabmale im atlantischen Europa sind."

Da man aber in der Bretagne bisher nicht die notwendig zu erwartenden Vorstufen der Entwicklung zum Großsteingrab nachweisen konnte, bleibt bei der Ansicht von E. Shee offen, woher denn die neuen Grabriten gekommen sein könnten.

Unberücksichtigt bleibt auch, daß die Grabbeigaben in allen Großsteingräbern von Gebiet zu Gebiet gänzlich verschieden sind. In gleichartigen Gräbern wurden zwar die Skelette überall in gleicher Ruhestellung vorgefunden, aber die beigesetzten Toten zeigen die Merkmale der jeweiligen regionalen Rassen und Gruppen.

Auch die Hauptmenge der Werkzeuge und Waffen aus Feuerstein sowie die Tongefäße stammen jeweils aus dem Kulturkreis der nächsten Umgebung und des landeinwärts gelegenen Hinterlandes, rekrutieren sich also aus den örtlichen Kulturen, sofern nicht einzelne Prunkstücke aus entfernten Ländern mit niedergelegt worden waren.

Es hat also keinen Stamm der „Großsteingräberleute" mit gemeinsamer Kultur, gleichen Traditionen und gleicher Lebensart gegeben. Man hat den Eindruck, daß sich die Idee zum Bau der Großsteingräber unaufhaltsam von Landschaft zu Landschaft ausgebreitet hat. Aber sie wurde nicht schematisch übernommen, sondern von örtlichen Gemeinwesen verschiedener Kulturkreise eigenständig geprägt, ohne eine andere feststellbare Wirkung auf die Lebensweise ausgeübt zu haben als das Hervorbringen neuer Bestattungsformen und der Steingräber.

Wie ist das zu erklären? Keine Einwanderer, sondern Händler, die Rohstoffe und Metall suchten, und Seefahrer brachten aus ihren kulturell und technisch wesentlich höher entwickelten Heimatländern im Mittelmeergebiet wegweisende geistige und religiöse Vorstellungen nach Westeuropa mit.

Der Missionsgedanke wird heute allgemein akzeptiert, sofern man dabei nicht von der Arbeitsweise christlicher Missionsgesellschaften im 19. Jahrhundert ausgeht, wie es die Engländer G. Childe und G. Bibby taten. Die Verbreitung der Megalithkultur ist nicht als Ergebnis missionarischer Planung, Bekehrung oder Ausfuhr fertiger Bauformen für Kultanlagen anzusehen, denn dagegen spricht die außerordentliche Vielfalt der lokalen Besonderheiten der Grundrisse und technischen Details.

Handelsschiffe, die irgendwo an fremden Küsten anlegen und Ladung eintauschen, bringen einen Hauch ferner Länder mit, aber ihre Spur ist flüchtig. Die aufregenden Berichte der Seeleute mit ihrer anderen Kleidung und ihren fremden Sitten stehen für kurze Zeit im Mittelpunkt des Interesses und sind doch bald wieder vergessen. Geistige Wirkung setzt Seßhaftigkeit voraus.

Aber es blieben damals doch nicht nur einige prachtvolle Waffen, herrlicher Schmuck, ägyptische Perlen und neue, praktische Werkzeuge von bis dahin unbekannter Qualität zurück, sondern auch aussagekräftige Symbole und das Gedankengut eines im Süden bereits gefestigten menschlichen Selbstvertrauens. Die Seeleute scheinen bei ihren Gastgebern die Annahme der neuen Ideen bewirkt zu haben.

Mir stellt sich der Sachverhalt so dar, vor allem im Zusammenhang mit unseren Erkenntnissen über den Umfang und die Seewege des kretisch-minoischen Metallhandels mit Cornwall in Südengland am Beginn der Bronzezeit: Ökonomische Tendenzen, Handelsinteressen und religiöse Überzeugungen haben sich mit dem selbstbewußten Auftreten von Kaufleuten und Seefahrern einer überlegenen Kultur verbunden. Die Seeleute ließen erkennen, daß die Megalithbauten ihrer Heimat ein Stück ihrer hochentwickelten Kultur, ihres geistigen Fortschritts und ihres religiösen Jenseitsglaubens repräsentierten.

Der Gedanke an das Wirken einer großen Muttergöttin, die über das Urerlebnis ständigen Werdens und Vergehens hinaus dem Menschen Schutz und Weiterleben auch im Tod zusagt, muß bei den im Verhältnis zum Süden unterentwikkelten Völkern der Nacheiszeit im Norden wie eine Heilslehre auf fruchtbaren Boden gefallen sein. Gewisse Jenseitsvorstellungen, das Vertrauen auf ein mütterliches Prinzip im Walten der Natur und die Hoffnung, die Mächte des Schicksals durch Opfergaben zu versöhnen und zu besänftigen, waren auch dem Norden seit der älteren Steinzeit nicht fremd.

Neu war aber die konkrete Jenseitshoffnung, die sich durch die Errichtung von steinernen Totenhäusern, verbunden mit beschwörenden Felszeichnungen, magischen Vorkehrungen und Ritualen, bot. Sie schienen gleichsam ein System darzustellen, durch das man sich ewiges Leben sichern konnte. So wurden Dolmen und Menhire zum Inbegriff des Unwandelbaren, des Festen und Unzerstörbaren. Zum ersten Mal schuf hier der Mensch für sich selbst und seine Vergänglichkeit in gemeinsamer Anstrengung ein Symbol geballter Kraft und überdauernder Festigkeit.

Bezeichnungen wie „Haus für die Ewigkeit", „Prestigebauten", „Ausdruck einer neuen Gruppensolidarität" oder eine Definition der Bauwerke als Mittel zur Abgrenzung von Territorien mögen richtige Elemente enthalten, werden aber wohl dem Gesamteindruck einer neuen, optimistischen und zuversichtlichen Lebenshaltung nicht gerecht.

Stonehenge, die Schalkenburg bei Quenstedt und vielleicht auch Boitin in Mecklenburg waren Sonnenheiligtümer. Und von den fröhlichen Volksfesten der Hyperboräer, der Nordleute, an diesen Kultstätten sind durch Seefahrer und Händler Berichte – wenn auch verschwommen und übertrieben – bis nach Griechenland gelangt und in Homerischer Zeit aufgeschrieben worden.

Von den ungefähr gleichzeitigen babylonischen Stufenpyramiden sind uns immerhin zwei in diese Richtung weisende Baumotivationen überliefert: „... damit wir uns einen Namen machen" (Bibel, 1. Mos. 11,4 ff.) und das Bemühen, die mächtige Gottheit zum Verweilen im Prunkgemach des Tempels auf der obersten Plattform der Stufenpyramide zum Wohl der Stadt einzuladen.

Von einem Großsteingrab haben wir sogar Aufzeichnungen über Zweck und Erbauer. Um 1700 v. u. Z. errichtete Jakob für seine Frau Rahel ein Großsteingrab nordwestlich von Jerusalem zwischen Hizme und Dscheba, das noch heute so erhalten ist, wie es in der Bibel (1. Mos. 35, 20) beschrieben wird.

Babylonischer Stufentempel und Großsteingrab sind Ausdruck einer bestimmten Stufe erwachenden gesellschaftlichen Bewußtseins. N. Zaske hat darauf hingewiesen, daß die Backsteindome der Hansezeit nicht nur kirchlich-religiösen Aspekten ihre Entstehung verdanken, sondern Ausdruck eines gewachsenen, hoffnungsvollen und selbstbewußten Menschseins einer ganzen Epoche sind.

Eine einheitliche Gottesvorstellung zu besitzen hieß damals, die Welt auf einen Nenner gebracht zu haben. Nach den wahrscheinlich örtlich sehr verschiedenartigen Geistervorstellungen der Mittelsteinzeit mit Opfern an lokale Naturmächte war diese religiöse Erkenntnis ein gewaltiger geistiger Fortschritt: Die Welt ist kein Chaos.

Die Großsteingräber sind sicherlich nicht mit dem erst viel späteren Gedanken einer „Weltseele" in Zusammenhang zu bringen. Aber sie symbolisieren doch eine neue, bis dahin unbekannte Einheit der Wirklichkeit.

Kultfeiern, die nachweislich in und bei den Dolmen abgehalten wurden, und Opfer setzten einen Adressaten voraus. Mit ihnen waren gewisse Erwartungen an höhere Mächte verbunden, mag der Empfänger der Gaben nun als Person, Geist oder Naturmacht gedacht sein.

Der Großsteingräberkult bewirkte erstmals eine viele Völkergruppen verbindende geistige Gemeinsamkeit, setzte den Stellenwert einiger menschlicher Grundfunktionen fest und verband damit auch gewisse Konsequenzen für die Lebenshaltung und Lebenseinstellung des einzelnen wie der Gruppe.

Kunst, Kult und Leben waren damals noch untrennbar miteinander verbunden. Schon die Kunst der Eiszeit war niemals Selbstzweck, sondern ebenso wie Sitte und Brauch, Kult und Ritual gleichsam ideelles Werkzeug zur Daseinsbewältigung; denn so irrig aus heutiger Sicht der Glaube an die Magie auch war, so stärkte beispielsweise der Jagdzauber das Selbstbewußtsein und das Zusammengehörigkeitsgefühl der Jäger. Außerdem glaubte man, seine Jagdaussichten dadurch verbessern zu können, daß man ein Bild des Tieres, das man erlegen wollte, anfertigte und magische Handlungen — Beschwörungen und Beschießen mit kultischen Pfeilen — vornahm. Das sind nicht nur Vermutungen. Vor allem in den Höhlen Südwesteuropas gibt es zahlreiche steinzeitliche Abbildungen von Tieren, die von Speeren und Pfeilen getroffen sind und aus vielen Wunden bluten. Das Bild wollte offensichtlich das Ereignis beschwörend vorwegnehmen, das dann bei der Jagd eintreten sollte.

„Geheimnisvolle" Kräfte gingen auch vom Analogiezauber aus. Es galt hier die Vorstellung, daß mit dem Anlegen und Tragen der Felle und Zähne zugleich die Kräfte der erlegten Tiere auf den Jäger übergingen.

Interessant sind in dieser Hinsicht auch Forschungsergebnisse über den Zusammenhang zwischen emotionalen Erregungszuständen und dadurch bewirkten körperlichen Veränderungen. Diese Gefühlsregungen können durch Angst, Schrecken und Wut, aber auch durch wilde kultische Tänze und Riten oder Festorgien hervorgerufen werden. In Augenblicken großer Gefühlsbewegungen wird das Hormon Adrenalin freigesetzt, das das Nervensystem beeinflußt. In Streßphasen, etwa vor einer großen Treibjagd, wirkt es wie eine Injektion, indem es Kohlehydrate aus der Leber aktiviert und in Form von Zucker stoßartig in die Blutbahn bringt, wo Energie daraus entsteht. Außerdem erhöht Adrenalin die Blutzufuhr zum Herzen, zur Lunge, zum Zentralnervensystem und zu den Gliedmaßen. Diese Veränderungen helfen dem Menschen, plötzliche strapaziöse Anforderungen zu bestehen und sich schneller und ausdauernder zu bewegen.

Der Mensch braucht nur plötzlich „Jagdfieber", Furcht oder Wut zu empfinden oder sich durch magische Vorstellungen und Handlungen darauf einzustellen: Bald wird ihn die Adrenalinreaktion in seinem Nervensystem auf das vorbereiten, was er anschließend tun wird, sei es nun schnelle Flucht, Kampf oder Jagd mit der Verfolgung des aufgestöberten Wildes über weite Strecken. Noch heute sind Jäger in Afrika imstande, Wild mehrere Tage hartnäckig zu verfolgen. Während dieser Verfolgungsjagden, die mit einem festlichen „Jagdauftakt" beginnen, nehmen die Jäger nur gelegentlich eine Handvoll Nahrung zu sich. Sie überstehen die Strapazen mit Hilfe des Adrenalins, das wertvolle Nahrungsstoffe, wie Cholesterin und Fettsäuren, im Körper schnell abbaut. Diese Stoffe hatte der Körper schon vorher als Reserve für besondere Anstrengungen aufgespeichert.

Adrenalin wird in Augenblicken großer Gefühlsregungen freigesetzt, gleichgültig ob auf diese Emotion eine körperliche Aktivität folgt oder nicht. Erst in unseren Tagen entstehen dadurch Komplikationen, daß die freigegebene Energie nicht gebraucht wird, der Körper nicht das tun, die Bewegungen ausführen kann, wozu er eigentlich eingerichtet ist. Durch nutzlos verbrannte Energie entstehen schwere Spannungen bis hin zu psychischen Schäden. Wir können zwar nicht das Leben eines Steinzeitjägers führen, aber eine sinnvolle Lebensführung und „Ausgleichssport" im weitesten Sinn sind auch unter diesen Aspekten naheliegend.

Chr. Hawkes sagte einmal, daß religiöse Motive zu den großen schöpferischen Triebkräften der Vorgeschichte gehört haben, die den materiellen Kräften nicht entgegenwirkten, sondern als deren Ergänzung und Stimulierung in Erscheinung getreten sind. Das trifft auf die Großsteingräberzeit sicherlich in besonderem Maße zu.

Es läßt sich leicht berechnen, daß damals ein wesentlicher Teil der Lebenskraft jedes einzelnen im Dienst einer Heilslehre stand, die solche gewaltigen Anstrengungen für ebenso wichtig und notwendig erscheinen ließ wie die übrigen Arbeiten zur Sicherung der täglichen Existenz. Versprach man sich doch davon ein ewiges, überhöhtes Leben, eine mystische Wiedergeburt im Schoß der Erde unter dem Schutz der allmächtigen Muttergottheit, deren zahlreiche Symbole in den westeuropäischen Großsteingräbern zu finden sind und die vielleicht Hoffnung oder sogar Anrecht auf Unsterblichkeit anmelden oder besiegeln sollten.

Viele Anzeichen, wie kultische Bestattung und Grabbeigaben, sprechen dafür, daß der prähistorische Mensch schon all-

Kammer eines Ganggrabes mit Trockenmauerwerk aus der Jungsteinzeit. Blick auf den freigelegten Eingang (Nadelitz auf Rügen)

gemeine Vorstellungen von einem Fortleben nach dem Tode gehegt hat. Später haben dann Denker des Altertums den Unsterblichkeitsgedanken formuliert, vielleicht, um auf diese Weise dem Geheimnis der menschlichen Seele etwas näherzukommen. Wie sollte sonst das Menschsein im kosmischen Geschehen seine Besonderheit und Auszeichnung finden, wenn nicht in der todesüberwindenden Kraft einer Seele und ihrer Unsterblichkeit? Denn fraglos stellte der Mensch gegenüber der übrigen Natur eine qualitativ höhere Stufe dar, und nur ihm allein war eine Seele zuzubilligen. So hat die Frage des Weiterlebens nach dem Tode die Menschen früherer Epochen wahrscheinlich weit mehr beschäftigt als der Augenblick des Todes selbst.

Homer (Ilias XXIII 71–76) machte sich unter Verarbeitung von Traditionen der Urnenfelderzeit des 14.–13. Jahrhunderts v. u. Z. Sorgen darüber, ob die vor Troja gefallenen Helden auch sorgfältig verbrannt würden, denn nur so könne ihre Seele vom vergehenden Körper frei werden und ins Schattenreich zur verdienten Unsterblichkeit eingehen.

Jede rationale Erklärung versagt vor diesen Gedankengängen, aber auch vor der gewaltigen körperlichen Leistung, die die Errichtung der steinzeitlichen Kultmale ermöglichte. Diese Anlagen waren nicht das Werk eines Sklavenheeres, wie es die Pharaonen für die Errichtung der Pyramiden einsetzten, die ihre eigene „Unsterblichkeit" manifestieren sollten. Die Großsteingräber wurden von verhältnismäßig kleinen Gruppen errichtet, die selbst für die Sicherstellung ihrer Ernährung sorgen mußten. Allerdings lassen sich aus der oft durchaus nicht primitiven Konstruktion, den übereinstimmenden Maßen und der erstaunlichen Verwendung astronomischer Daten und Fixpunkte gewisse Schlüsse ziehen: Die Errichtung von Hünenbetten, Ganggräbern und Steinkreisen erfolgte nicht spontan. Planung und Ausführung solcher Bauwerke ist ohne eine Gesellschaftsstruktur, in der es bereits Spezialisten gab, kaum denkbar.

Andererseits ist von einer Sozialordnung der Gräber, daß etwa die größten Kammern einer Oberschicht vorbehalten gewesen wären, im Nordsee-Ostsee-Gebiet noch nichts zu erkennen. Blutgruppenuntersuchungen an Röhrenknochen durch I. A. Lengyel in Budapest und H. Ullrich in Berlin (vgl. u. a. ZfA [Zeitschrift für Archäologie] 1976, Heft 2, 317 ff.) haben erwiesen, daß hier Generationen hindurch eng verwandte, seßhafte Familien beigesetzt worden sind. Auch die Vererbung von etwa 180 verschiedenen Körpermerkmalen und Eigenheiten des Skeletts läßt sich durch Generationen hindurch verfolgen. Ebenso läßt die Art der mehr oder weniger reichen Grabbeigaben keine unterschiedliche Sozialstruktur erkennen; auch eine Adelsschicht läßt sich in Jütland und Mecklenburg nicht nachweisen.

Dagegen gibt es in der Bretagne einige Hinweise darauf, daß dort eine elitäre Sozialordnung wenigstens zeitweise bestand. Für die Lüneburger Heide haben G. Körner und F. Laux Ausgrabungsergebnisse veröffentlicht, die sehr anschaulich erkennen lassen, daß die Großsteingräber der ausgehenden Jungsteinzeit bis in die Bronzezeit hinein ausschließlich einer kleinen Adelsschicht vorbehalten waren, während die einfachen Stammesangehörigen in der näheren Umgebung der Hünenbetten schlicht bestattet worden sind.

Ebenso scheinen auch die mächtigen Mausoleen in Irland und England zumindest in einigen Fällen die Kollektivgräber einer Oberschicht gewesen zu sein, die sich derart imposante Familiengrüfte leisten konnte. Einige Riesensteingräber der Bretagne, Irlands und der Lüneburger Heide können also nur als „Königsgräber" gedeutet werden. Auf welchen Voraussetzungen die stammesfürstliche Herrschaft und deren Macht zum Einsatz so zahlreicher Arbeitskräfte beruhten, ist bisher unklar. Die Anlage derart umfangreicher Riesengräber ging über die Arbeitskraft einer Großfamilie weit hinaus.

Dolmen, Ganggrab und Steinkreis

Lenken wir nun den Blick zurück auf die Entwicklung der Steinkammergräber im Norden. Die Wanderbauern der Trichterbecherkultur hatten die Verstorbenen in Erdgruben beigesetzt, über die oft kleine Hügel aufgeworfen worden waren. Gefäße mit Getränken und Speisen wurden als Wegzehrung für die Reise ins Schattenreich mitgegeben. Aufgefundene Oberschenkelknochen vom Bären, Reh und Wildschwein lassen sich so deuten, daß man Wildkeulen als besonders gute Opfergaben in den Grabkammern niederlegte, obwohl sich sonst unter den Knochen der Abfallgruben der Trichterbecherleute verhältnismäßig wenige Hinweise auf erlegtes Wild finden.

In einer späteren Phase der Trichterbecherkultur begann man zunächst auf Seeland, neben den einfachen Erdbegräbnissen steinerne Gräber von etwa 2 m Länge und 60 bis 80 cm Breite und Höhe aus vier liegenden Blöcken und einem Deckstein zu errichten. Nach der Bestattung wurden über diesen sogenannten Urdolmen runde oder längliche Erdhügel aufgeworfen, die man mit großen Randsteinen einfaßte und befestigte. Die Blöcke wurden leicht nach innen geneigt, damit sie den Druck des Decksteins besser aushielten. Die Wände der Kammer wurden sorgfältig mit kleinen Sandsteinplatten abgedichtet. Den Boden versah man gelegentlich mit einer Lehmschicht, auf die gebrannte Feuersteinsplitter gestreut wurden.

Die Beigaben in diesen Rund- oder Langdyssen — so nennen die Dänen diese Grabhügel — zeigen keine Veränderung in der recht einheitlichen Kultur, wohl aber eine zunehmende Entfaltung und Bereicherung. Schnur- und tiefstichverzierte Keramik, Kragenflaschen, Kugelamphoren und Kruken mit kleinen Ösen finden sich neben fein gearbeiteten Feuersteinbeilen, Knaufhammeräxten aus Grünstein und langen Bernsteinketten. Südländische Perlen und Silbergefäße, eine Gewandnadel, eine Schmuckplatte, Armreifen und Dolche aus Kupfer zeigen, daß bereits seit dem 4. Jahrtausend fremde Waren und damit auch neues Ideengut nach Jütland gelangten.

Besonders aufschlußreich ist das Auftreten importierter Gewandnadeln aus Kupfer, weil uns hier erstmals eine Neuerung von weitreichender Bedeutung, nämlich Idee und Prinzip der Schraube, begegnet.

Für die Römerzeit läßt sich die Frage nach der Kenntnis der Schraube schon lange klar bejahen. Die Römer kannten die Schraube mit vielen Verwendungsmöglichkeiten. Der römische Ingenieur und Baumeister Vitruvius, der um 20 v. u. Z. in seinen zehn Büchern „Über die Baukunst" das technische Wissen seiner Zeit umfassend darstellt, kennt die Schraube (lat. cochlea). Das griechische Parallelwort (ho kochlías) bedeutet Bohrmuschel oder auch Schraube und weist damit auf den Urtyp der Schraube, die Bohrmuschel des Mittelmeeres, hin. Jede kantige Metallstange wird bei Drehung um die Längsachse zu einem Schraubengewinde.

Im Bereich eines bronzezeitlichen Hügelgräberfeldes bei Schwanbeck im Kreis Neustrelitz wurde eine bronzene Nadel von 9 cm Länge mit schräg durchbohrtem Kugelkopf gefunden. Der vierkantige Stab ist fünfmal gedreht und am unteren Ende spitz zugefeilt. Die Nadel ist eine vollkommene Schraube und dadurch vor dem Herausfallen aus dem Gewebe der Kleidung geschützt. Der durchbohrte Kugelkopf der Nadel wird wohl für einen Faden bestimmt gewesen sein, mit dem die Trägerin dem Verlust der kostbaren Nadel vorbeugte.

Ähnliche Gewandnadeln mit dem Prinzip des Schraubengewindes finden sich auch auf Urnenfriedhöfen in Schleswig-Holstein und neuerdings auch in Funden der ausgehenden Steinzeit Jütlands. Aber es zeigt sich auch hier, daß es von der Erfindung eines Prinzips, hier der Schraube, bis zu ihrer allgemeinen Verbreitung und dann bis zu ihrer technischen Vervollkommnung — etwa der Schloßschraube und der Holzschraube — ein weiter Weg ist.

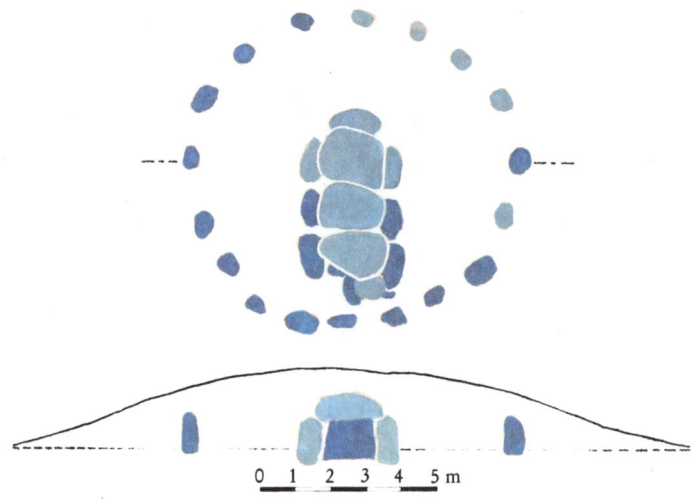

Bannkreis in Burtevitz auf Rügen. Die Steine des Kreises waren ebenso wie der Großdolmen unter einem Erdhügel verborgen.

Leider lassen sich über die Erfindung des Rades, der mit einer Achse zunächst fest verbundenen, sich drehenden Scheibe, keine ähnlichen geschichtlichen Angaben machen.

Ein wichtiges Handelsobjekt wird sicherlich hochwertiger Feuerstein gewesen sein, der von den Trichterbecherleuten regelrecht bergmännisch abgebaut wurde. Bei Brandon in Südengland wurden in einem Gebiet von 14 ha nicht weniger als 346 steinzeitliche Stollen nachgewiesen, die bis zu einer Tiefe von 10 m in den Kreidemergel getrieben worden waren. Das Rohmaterial wurde an Ort und Stelle zu halbfertigen Produkten zugerichtet, die an den muschelig ausgebrochenen Schlagstellen schon die Qualität des Steines erkennen ließen. In dieser Barrenform wurden hauptsächlich Beilrohlinge gehandelt, die aus mehreren Depotfunden von Rügen und anderen Fundplätzen bekannt sind.

Die frühen Steingräber hatten noch mehr die Form von Sarkophagen und enthielten nur eine oder wenige Bestattungen. Bald aber wurden die Urdolmen zu stattlichen Kammern mit einem Einstieg über einem halbhohen Türstein an der Schmalseite erweitert. Entsprechend wuchsen die Hügel zu einer Höhe von 4 bis 5 m bei einem Durchmesser von 20 bis 25 m. Immer häufiger lagen mehrere Kammern unter einem langgestreckten Hügel. Die umgebenden Randsteine aus schweren Blöcken bildeten Steinkreise und erreichten gelegentlich eine Höhe von 2 bis 3 m. Sie sollten sicherlich als konstruktive Baubestandteile den Erdhügel vor dem Abrutschen schützen und zugleich den heiligen Bezirk abgrenzen.

Einige kreisförmige Steinsetzungen, wie in Burtevitz auf Rügen, sind wie die Kammern vom Erdhügel bedeckt, waren also nicht sichtbar. Vielleicht waren sie als Bannkreis angelegt, um die Geister der Verstorbenen an einer Rückkehr zu hindern und in dem ihnen zugewiesenen Bereich festzulegen.

Durch die Jahrtausende verbinden sich mit den Steinkreisen die unterschiedlichsten Vorstellungen. Hier wurden Gerichtstage abgehalten und Verträge abgeschlossen. Einen Steinkreis durften selbst freie Männer nicht mit Waffen betreten. Mehrfach ist auch, bis ins Mittelalter hinein, das Asylrecht im Bereich des Bannkreises überliefert. Verfolgte Menschen und Tiere fanden hier eine Freistatt.

Als Grab der verehrten Vorfahren und Wohnsitz der Geister war der Steinkreis dann auch Schwurort. Verlöbnisse wurden hier besiegelt und die Vorfahren um Beistand bei schwierigen Entscheidungen angerufen. Noch bis vor etwa 150 Jahren wurde den Steinkreisen und Gräbern der Vorfahren eine gewisse natürliche Ehrfurcht entgegengebracht. Seitdem sind fast 80 Prozent der Steinkreise, Grabhügel und Dolmen zerstört worden. In Niedersachsen, Schleswig-Holstein und Mecklenburg blieben von 4900 Steinkisten und Dolmen, die um 1820 noch vorhanden waren, nur 538 Hünengräber übrig. Auf Rügen gab es 1827 immerhin 229 Großsteingräber, heute sind es nur noch 38.

Gewaltige, am Eingang der Steinkreise vielfach zu beobachtende Wächtersteine scheinen als Mahnmale auf die Unantastbarkeit des Ortes hingewiesen zu haben. Die Schweden nennen sie Bautasteine, eine Bezeichnung, die sich auch auf Rügen in Dwasieden bei Saßnitz aus der „Schwedenzeit" erhalten hat.

Vielleicht sollte in diesem Zusammenhang noch einmal

darauf hingewiesen werden, daß die landläufige Bezeichnung „Hünengrab" für alle Megalithbauten und Hügelgräber auf das frühe Mittelalter zurückgeht. Man konnte sich einfach nicht vorstellen, daß Menschen normaler Größe derartige Felsmassen bewegt und tonnenschwere Findlinge aufgetürmt haben. So mußten es wohl Riesen gewesen sein, die diese Taten vollbracht hatten. Grabkammermaße von 2,50 m x 1,50 m schienen dem zu entsprechen, wenn man mit Einzelbestattungen rechnete.

Heute wissen wir, daß die Großsteinbauten im Norden von Menschen errichtet wurden, deren Durchschnittsgröße für Männer bei 1,72 m und für Frauen bei 1,61 m lag. Die Maße liegen also erheblich unter denen, die ein Skandinavier heute aufweist.

Es war ein langer Weg voller Irrtum und Aberglaube, bis man über Ursprung und Bedeutung der Hünengräber und vor allem der Urnen und Brandbestattungen ein zutreffendes Bild gewonnen hatte. Bis in unsere Zeit hinein gab es Menschen, die glaubten, daß Steine im Acker wachsen; denn auch nach sorgfältigem Ablesen lagen einige Jahre später wieder zahlreiche Steine auf dem Acker, die kaum alle ausgepflügt sein konnten. Der Eindruck des „Steinewachsens" entsteht dadurch, daß Regenwasser und nachfolgender Frost Jahr für Jahr ein selektives Herausheben der Steine aus der sie umgebenden Erde bewirken. Daher geraten immer wieder neue Steine in den Bereich der Pflugsohle.

Auch einzelne Urnen, auf die man immer wieder im Erdboden stieß, hielt man noch im 18. Jahrhundert für „selbstgewachsene Töpfe". Andererseits gab es auch schon im Mittelalter vernünftige Ansichten. Als 1529 in Sitzenrode bei Torgau, heute Sitzenroda, mehrere Urnen entdeckt wurden, übergab man sie zur Prüfung einer Kommission, der auch Dr. Martin Luther aus Wittenberg angehörte. Die Gutachter kamen schon damals zu einem sehr nüchternen Ergebnis: „... man heldet dafür es sey hievor etwa ein sepulcrum (Bestattung) gewesen." (Hinweis von Rudolf Pörtner)

Wenn auch Hünen und Riesen in das Reich der Fabel gehören, drängt sich uns bei der Betrachtung von Großsteingrä-

Transport von Findlingen. Ohne besondere technische Vorrichtungen wurden die Blöcke für die Großsteinbauten nur mit Rollen, Hebeln und Stricken oft über weite Strecken transportiert.

bern immer wieder der Verdacht auf, daß hier doch irgendwelche technischen Hilfsmittel benutzt worden sind. Aber bisher ist es nicht gelungen, Überreste solcher mechanischen Vorrichtungen zu ermitteln.

Auch keine Überlieferungen anderer Völker, weder die assyrisch-babylonischen Keilschrifttäfelchen noch die ägyptischen Hieroglyphen, bringen Hinweise auf derartige Arbeitsgeräte. Mit Rollen, Schlitten, Hebeln, aufgeschütteten Rampen und dann immer wieder mit Zugtieren und Scharen von Menschen mit Seilen und Traggestellen, so hat man diese riesigen Steinlasten transportiert und aufgerichtet.

Auf der Insel Jersey im Ärmelkanal findet sich zwischen fertiggestellten Großsteingräbern auch ein unvollendeter Dolmen, der uns Einblick in die Arbeitsweise der Erbauer gibt. Die Seitensteine der Kammer sind aufgerichtet, der Innenraum der Grabanlage mit Erde aufgefüllt, und von außen ist eine Rampe bis zur Höhe der Seitensteine aufgeschüttet worden. Auf der schiefen Ebene der Rampe liegt ein gewaltiger Deckstein, der nur zur Hälfte über den Innenraum des Dolmens ragt. Es dürfte für eine Anzahl kräftiger Männer kein Problem gewesen sein, mit Stricken und Rollen den Deckstein über die Seitensteine bis zur Auflage weiterzuschieben. Wir wissen nicht, warum die Arbeiten abgebrochen wurden. Interessant ist, daß bei den fertiggestellten Dolmen die Erde wieder aus den Grabkammern entfernt wurde. Trockenmauerwerk zwischen den Granitblöcken sollte das Eindringen von Erde verhindern. Die Rampen wurden dann in die Erdhügel einbezogen und über den Dolmen Erde aufgeschüttet.

Ähnliche Rampen sind vermutlich auch für das Aufstellen von Menhiren und Cromlechs benutzt worden. Allerdings war das Aufrichten eines Menhirs keine so einfache Angelegenheit, wie es auf den ersten Blick scheinen könnte. Man mußte den Grat der Rampe mit Querbalken befestigen und dann Frost abwarten, damit der Menhir beim Abkippen in die vorbereitete Grube nicht in den weichen Rampenboden einsank und dort unweigerlich hängenblieb, vielleicht auch noch verkantete. Für eine kurze Zeit hatte der Grat der Rampe praktisch der gesamten Last des Menhirs standzuhalten.

Mit Cromlech werden in Westeuropa einzeln stehende Steine und Steinsäulen bezeichnet, die von einem Steinkreis umgeben sind. Ihre Bedeutung ist immer noch unklar. In ihrem Umkreis finden sich keine gleichzeitigen Bestattungen.

Woran sollten diese „Merksteine", wie sie auch genannt werden, erinnern? Einzelne Steinsäulen, noch heute in Westeuropa mit dem keltischen Wort Menhir, langer Stein, bezeichnet, sind bis in die Neuzeit hinein immer wieder aus verschiedensten Anlässen errichtet worden. Ihr Alter ist schwer zu bestimmen, und ihre Errichtung steht durchaus nicht in jedem Fall im Zusammenhang mit der Megalithkultur.

Die Entwicklung der Großsteingräber griff bald von den dänischen Inseln auf das Festland und Rügen über. Aber auch im Gebiet von Neustadt und Oldenburg in Holstein breiteten sich die neuen Ideen aus. Dort hat man bei Rosenfelde, Großenbrode und Süssau neuerdings entsprechende Siedlungsplätze, die bis in die Mittelsteinzeit zurückreichen, entdeckt und sorgfältig ausgegraben.

Die Urdolmen wurden erweitert und mit Zugängen versehen, die durch Türsteine aus Rotsandsteinplatten verschlossen wurden. Die jüngeren Dolmenformen zeigen deutlich die Entwicklung zu Erbbegräbnissen an. Die Kammern wurden wesentlich vergrößert und verlängert. Am Ende der Entwicklung stehen in norddeutschen Gebieten riesige Ganggräber mit großen Kammern bis zu 27 m Länge und verhältnismäßig kurzen und engen Zugängen. In Dänemark dagegen nehmen kleine Grabkammern am Ende sehr langer Gänge die Gebeine der Toten auf.

Die Forschung kennt heute eine ganze Reihe von Steingrabtypen, die sich nach Größe, Grundriß und Ausstattung voneinander unterscheiden. Das Bild wird durch viele Misch- und Übergangsformen noch unübersichtlicher. Und doch lassen sich alle Grabformen der Megalithkultur aus drei Grundmodellen ableiten, dem Dolmen, dem Ganggrab und der Steinkiste.

Allein bei Ganggräbern kennen die Fachleute Dutzende von Typen: Gräber von rechteckiger, trapezförmiger, polygonaler, ovaler und runder Form; Gräber mit langen und kurzen Zugängen sowie solche mit Eingängen von der Schmalseite oder von der Breitseite; schließlich Gräber mit einer Hauptkammer oder mehreren Seitenkammern, gelegentlich auch mit Vorräumen. Trotz aller Systematisierungsversuche ge-

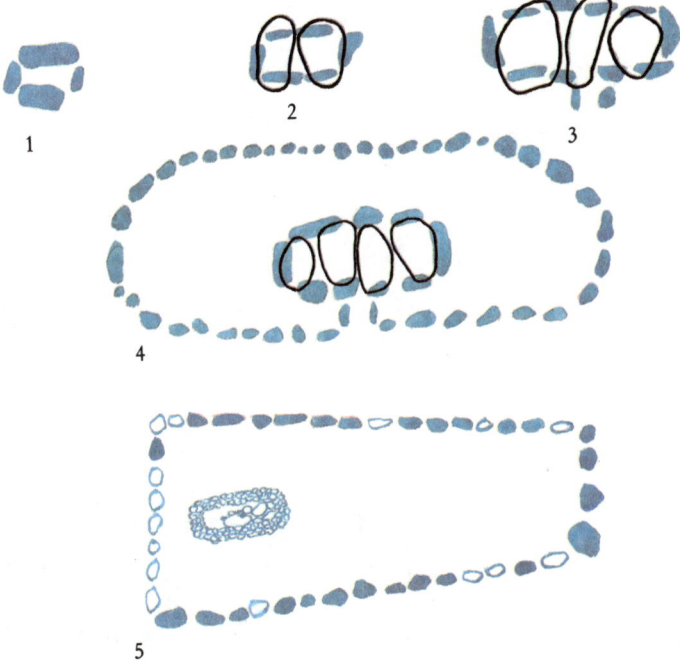

Grundtypen der Großsteinbauten in Mecklenburg. 1 — Urdolmen; 2 — erweiterter Dolmen; 3 — Ganggrab; 4 — Großdolmen mit Bannkreis; 5 — Hünenbett ohne Kammer

lingt es nur teilweise, einzelne Grabformen und Spielarten bestimmten Landschaften zuzuordnen.

Bei dieser Vielfalt der Bauformen muß die vor allem durch E. Schuldt bekannt gewordene Typeneinteilung als die einzig sinnvolle Gliederungsmöglichkeit angesehen werden:

— Urdolmen
— erweiterte Dolmen
— Großdolmen
— Ganggräber
— Hünenbetten ohne Kammer
— Steinkisten.

Die letzten beiden Formen sind nur mit Vorbehalt der Megalithkultur zuzurechnen, weil in den Hünenbetten die typischen Kammern aus großen Findlingen fehlen. Und die Stein-

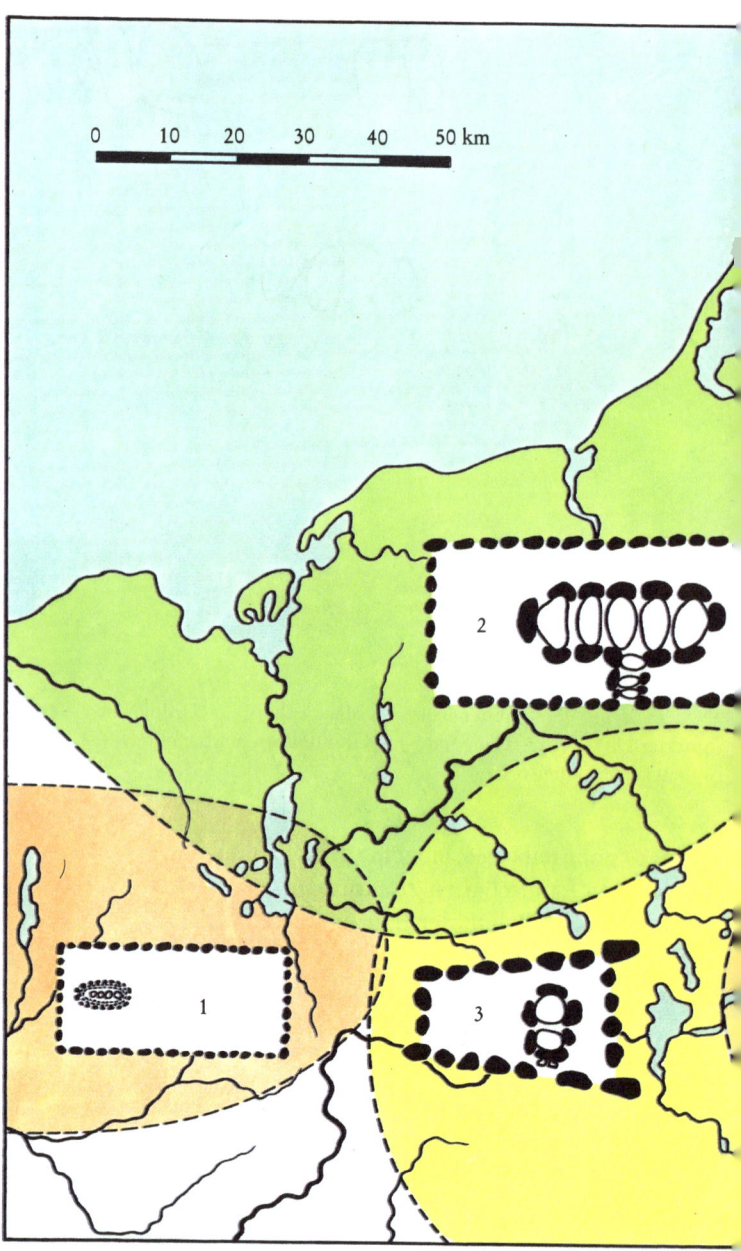

Karte landschaftsgebundener Dolmenformen im Mecklenburgischen, gezeichnet nach dem Befund systematischer Ausgrabungen durch E. Schuldt.

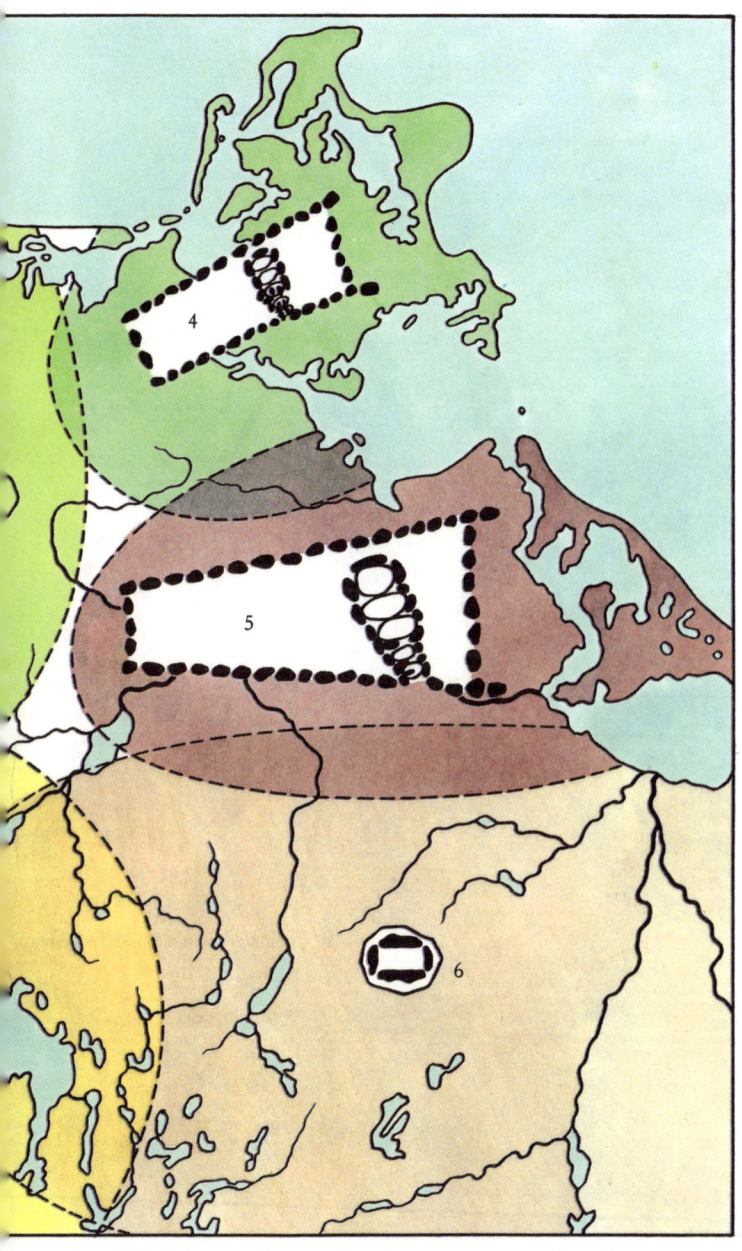

1 — Gebiet der Hünenbetten ohne Kammer; 2 — Gebiet der Ganggräber; 3 — Gebiet der erweiterten Dolmen; 4 — Gebiet der Großdolmen mit Windfang; 5 — Gebiet der Großdolmen mit Vorraum; 6 — Gebiet der Steinkisten

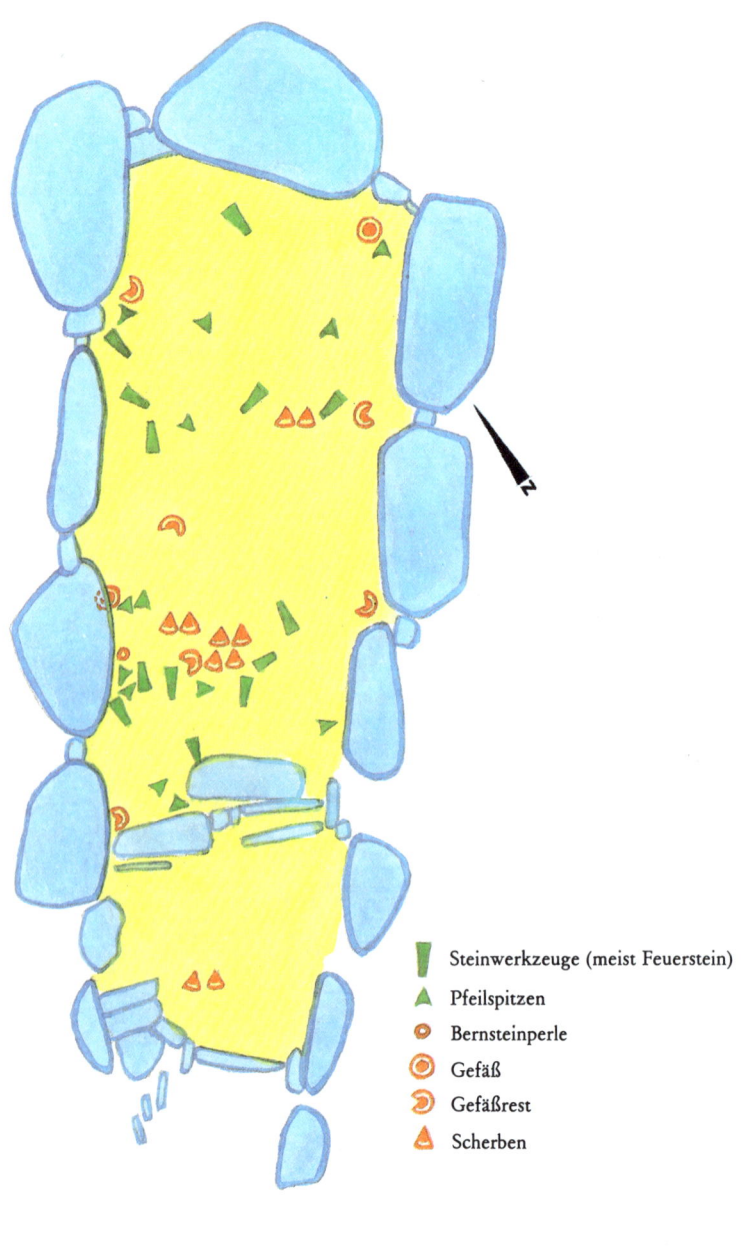

kisten sind in Mecklenburg meist so klein, daß man sie wirklich nicht als Großsteingräber bezeichnen kann. Diese Kümmerform entstand, als die Trichterbecherleute durch eine Invasion der „Streitaxtleute" und nomadisierender Hirtenstämme der „Einzelgrabkultur" von Norden her überrannt und in ihrer Lebenskraft gebrochen wurden.

E. Schuldt hat deutlich gemacht, welche gewaltigen körperlichen Leistungen beim Bau der Großsteingräber in jedem einzelnen Fall erbracht worden sind. Selbst die einfachen Urdolmen haben Decksteine mit einem Gewicht bis zu 11 t. Großdolmen sind mit Blöcken von 20 t Gewicht geschlossen und Ganggräber sogar mit Findlingen, die bis zu 30 t wiegen, gekrönt worden. Wir kennen Ganggräber von 10 m, in der Lüneburger Heide und in Jütland bis zu 30 m Länge. Meist sind sie 1,50 bis 2,50 m breit und mannshoch.

Auffallend sind die rechteckigen Unterteilungen fast aller Grabkammern Mecklenburgs durch hochkant gestellte Sandsteinplatten. In den so abgegrenzten Quartieren wurden nur die Gebeine der Verstorbenen zur Ruhe gebettet. Die Toten müssen also zunächst wohl an einem anderen Ort, vermutlich im Freien, niedergelegt worden sein. Diese Sitte ist bisher mit Ausnahme ganz vereinzelter Nachweise in Holstein nur für die Großsteingräber Mecklenburgs nachgewiesen. Bei dem überwiegenden Teil dieser Megalithbauten sind die Quartiernischen nachträglich eingebaut worden. Reste älterer Bestattungen wurden samt den Beigaben rigoros beiseite geschoben. Nur die jüngsten Ganggräber waren schon bei der Errichtung der Kammern mit Quartiereinteilungen versehen.

Aber schon nach wenigen Generationen kam man von dieser Sitte wieder ab, riß die Sandsteinplatten heraus und bestattete die Toten wieder in gestreckter oder sitzender Stellung gleich in den Kammern. Über den Anlaß dieses eigenartigen, zeitlich begrenzten Wechsels kann man heute noch nicht einmal Vermutungen anstellen.

Großdolmen an der Schwinge, Kreis Demmin. Grabkammer mit der Fundverteilung, wie sie E. Schuldt 1968 vorfand.

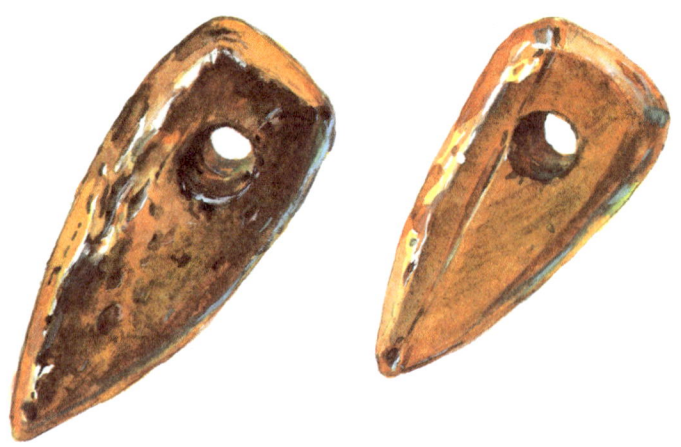

Opferfund von Hoerdum in Jütland. Fünf Bernsteinäxte im Gesamtgewicht von 675 Gramm sind den damals gebräuchlichen Streitäxten zu kultischen Zwecken nachgebildet worden. Die Länge der Äxte liegt zwischen 8 und 11 cm.

Fest steht nur, daß die Grabkammern in allen Fällen als Sippengruft benutzt wurden und im Laufe der Zeit bis zu hundert Bestattungen aufgenommen haben. Reste von Ebern, Rehwild, Rindern, Schafen, Pferden und Hunden außer den schon erwähnten Bären- und Hirschkeulen werden als Beigaben gedeutet, wobei offenbleibt, ob an Wegzehrung für den langen Weg ins Totenreich oder an eine Gabe für den Herrn des Schattenreiches gedacht war. Nicht selten sind Feuersteingeräte, wie Schaber, Messerklingen, Pfeilspitzen, und immer wieder prachtvolle Steinbeile niedergelegt worden.

Im Steinkreis von Stonehenge sind 61 Beile und Hammerköpfe gefunden worden. Vielfach hat man mehrere Beilklingen mit der Schneide nach oben kreisförmig in den Boden gesteckt, andere beim Niederlegen in Gruppen und Reihen, meist zu je drei mal vier Exemplaren, angeordnet.

Dem Beil scheint am Ende der Ganggrabzeit geradezu eine kultische Bedeutung beigemessen worden zu sein. Ein Hortfund von fünf Bernsteinbeilen kann nur als Opfergabe gedeutet werden. Aus großen Bernsteinstücken waren in „natürlicher Größe" Steinbeile nachgeahmt und sogar mit einem

Schaftloch versehen worden, sie können aber keinem praktischen Gebrauch gedient haben.

Während die als Werkzeuge benutzten Beile und Hammeräxte jener Zeit sorgfältig und scharf geschliffen wurden, verwendete man für Grabbeigaben vielfach ungeschliffene Beile. Sie sind ebenfalls sauber gearbeitet, oft sogar richtige Prunkstücke, lassen aber keinerlei Benutzungsspuren erkennen. Da die Hammeräxte aus Grabfunden ebenfalls grundsätzlich nicht geschärft und angeschliffen und die Bohrungen für den Stiel meist nur angedeutet waren, neigt man zu der Ansicht, daß den Toten die Ehre des Waffenbesitzes nicht verweigert werden sollte; das halbfertige Beil mochte dem Toten als Amulett dienen und drohende, schädliche Mächte abhalten. Zugleich wollte man aber auch verhindern, daß ein Wiedergänger mit den Grabbeigaben Unheil anrichtete.

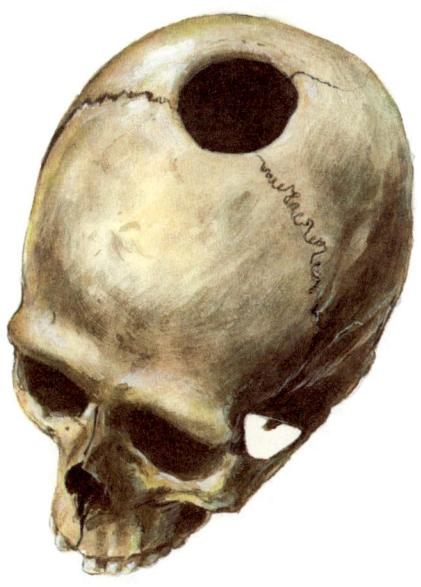

Steinzeitlicher Schädelfund mit Trepanation. Die Wundränder sind verheilt. Um möglicherweise Kopfverletzungen zu behandeln oder Schmerzen zu lindern, wurde ein kreisrundes Stück aus der Schädeldecke herausgesägt. Die herausgetrennten Knochenstücke müssen als Talisman oder Glücksbringer begehrt gewesen sein, denn in vielen Gräbern fand man als Grabbeigaben derartige Amulette, zum Durchziehen einer Schnur fein durchbohrt.

Die abergläubische Angst vor Wiedergängern war so groß, daß man bei verdächtigen Toten Teilbestattungen vornahm. Noch bis ins späte Mittelalter hinein ist es vorgekommen, daß die Gräber angeblich nachts umhergeisternder Toter aufgegraben und die Körper verstümmelt wurden, um ihre Wiederkehr ein für allemal zu verhindern. Auch einige auffallende Hockerbestattungen, in denen die Toten gefesselt gefunden wurden, sind nur so zu erklären und deuten auf Geisterglauben und Furcht vor der Wiederkehr der Toten.

Vorläufig ist es schwierig, nähere Aussagen über die Ahnenverehrung, die Totenfürsorge — etwa durch immer wieder erneuerte Trank- und Speiseopfer — oder den Seelenglauben zu machen. Immerhin deuten „Seelenlöcher" in westeuropäischen Großsteingräbern darauf hin, daß in dieser Zeit der Glaube an eine im Tod vom Körper losgelöste, umherschweifende Seele aufkam.

Auch Schädeltrepanationen könnten hiermit im Zusammenhang stehen. Sie sind schon in vorgeschichtlicher Zeit weit verbreitet, und auch in Großsteingräbern finden sich gelegentlich trepanierte Schädel.

Die Trepanation besteht in der Entfernung einer runden Scheibe aus der Schädeldecke durch Schaben mit einer Feuersteinklinge. Sie ist in weiten Gebieten Europas seit der Steinzeit ausgeübt worden. Die Motive für diese gefährliche Operation sind schwer nachzuweisen und können nur aus dem Brauch heutiger Naturvölker in Afrika erschlossen werden. Wahrscheinlich wurden diese Eingriffe in der Absicht vorgenommen, einen „bösen Geist", die vermeintliche Ursache schwerer Kopfschmerzen, herauszulassen.

Trotz der primitiven Geräte, mit denen in der Steinzeit diese Eingriffe ohne Desinfektion und ohne Narkose durchgeführt wurden, haben die meisten Patienten diese Operation überstanden. Das beweisen in dem hier abgebildeten Fall von Naes auf Falster in Dänemark die gut verheilten Wundränder. Auch aus Mecklenburg und Rügen gibt es ähnliche Funde. Das Museum für Ur- und Frühgeschichte in Weimar hat in den vergangenen Jahren viel Material zum Problem der Schädeltrepanation gesammelt, veröffentlicht und in den Ausstellungsräumen zugänglich gemacht. Danach sind trepanierte Knochenscheiben offensichtlich auch als Amulett getragen worden.

Es wird deutlich, daß Kenntnisse über die Megalithkultur für unser Gebiet hauptsächlich aus den Gräbern, Grabformen und Beigaben erschlossen worden sind. Aus dieser Perspektive läßt sich aber kein Bild einer Wirtschafts- und Sozialgeschichte entwerfen, ganz zu schweigen von den genetischen Zusammenhängen der einzelnen Formengruppen untereinander. Infolge des Fehlens jeglicher Schriftquellen sind die menschlichen Motive und Absichten, die hinter der Errichtung der Steinbauten gestanden haben müssen, äußerst schwer zu ergründen.

Sicher ist, daß sie ihres großen Aufwandes wegen als das Ergebnis bewußter Planung und Anlage anzusehen sind. Zufall und Willkür einzelner scheiden hier aus. Zu keiner Zeit haben Menschen tonnenschwere Steinblöcke kilometerweit transportiert, um sie dann planlos aufzurichten. Aber man stelle sich beispielsweise vor, wie mühselig es wäre, sich allein aus der Baustruktur von Kirchen und Klosterruinen und aus Friedhofsgrabungen ein Bild vom christlichen Glauben zu machen.

Immerhin können wir heute einige religiöse Rituale und kultische Vorstellungen der Erbauer der Großsteingräber gelegentlich aus den Monumenten selbst, aus Grabbeigaben und in Westeuropa und Skandinavien auch aus Felszeichnungen erschließen, obwohl die daraus gezogenen Folgerungen überwiegend vage und umstritten bleiben müssen.

Noch schwieriger ist die Erforschung der Wirtschafts- und Sozialstrukturen. Hier ist man vorläufig noch auf die Aussagen der dänischen Funde, hauptsächlich also auf Barkaer, angewiesen. Denn trotz aller Bemühungen hat sich bisher noch kein anderer gut erhaltener Siedlungsplatz der Trichterbecherleute ausfindig machen lassen. Selbst in den Ballungsgebieten der Großsteingräber sind bisher nur ganz vereinzelt Reste von Wohnstätten entdeckt worden, obwohl das Land verhältnismäßig dicht besiedelt gewesen sein muß. Keine einzige Siedlung von einigem archäologisch bedeutsamen Aussagewert, ja nicht einmal ein gut erhaltener Hausgrundriß der Großsteingräberleute konnte bisher beispielsweise auf Rügen aufgespürt werden. Um so größer sind die Erwartungen, die man im Hinblick auf Veröffentlichungen der Ergebnisse der Grabungen von H. Schwabedissen in Süssau und Rosenfelde in Holstein haben darf.

Neuerdings hat I. Nilius in Gristow am Greifswalder Bodden eine Siedlung der Trichterbecherleute entdecken und ausgraben können. Aber Fundumstände, Erhaltungszustand und der Mangel an aussagekräftigen Gegenständen haben trotz aller erdenklichen Mühe und Sorgfalt nicht einmal die Hausform ganz klar erkennen lassen. Bodenverfärbungen und das Fehlen jeglicher Steinfundamente weisen auf Pfostenbauweise hin, aber eindeutige Grundrisse, aus denen man die Größe der Häuser und eventueller Nebengebäude hätte erschließen können, waren nicht mehr auszumachen.

Besser steht es um unsere Kenntnis der gesellschaftlichen Verhältnisse und der Kulturbeziehungen des mit den Trichterbecherleuten gleichzeitigen „Donauländischen" und des „Westischen" Kulturkreises der Jungsteinzeit, auch wenn eine zusammenfassende Darstellung der neueren Ausgrabungsergebnisse bisher noch fehlt.

Trichterbechergruppen im Norden und Nordwesten hatten ein eigenes kulturelles und soziales Gepräge. Das zeigen schon die gegenüber anderen Megalithgruppen eigenständigen Formen und Sitten der Bestattungsweise. Deshalb kann die gesellschaftliche Struktur durch Analogien weder aus dem westlichen Kreis der Megalithkulturen noch aus den südlichen bandkeramischen Nachbargruppen erschlossen werden.

Man kann heute noch nicht einmal genau angeben, ob bei den späten Trichterbecherleuten noch der Getreideanbau oder wieder die Viehzucht im Mittelpunkt stand. Für Rügen ist selbst das Pferd als Haustier nicht sicher nachzuweisen. Grabbeigaben und Opfer können auch von erlegten Wildpferden stammen.

Wenn sich bei den südlich angrenzenden Stämmen der Bandkeramiker außer verschiedenen Getreidearten auch Ris-

Pferdeschädel mit abgebrochenem Feuersteindolch. Jungsteinzeitlicher Opferfund aus Südschweden. Da es in der Nacheiszeit im Norden keine Wildpferde mehr gab, muß es sich wohl um ein Haustier gehandelt haben. Im Fundzusammenhang fanden sich weitere Opfergaben (Museum Ystad).

penhirse, Saaterbsen, Linsen, Ackerbohnen, Hanf und als erster Öllieferant auch Gelber Lein finden, ist damit noch nichts über den Anbau dieser Pflanzen bei den Großsteingräberleuten gesagt, solange nicht einwandfreie Funde vorliegen.

An dieser Stelle muß noch ein Problem erwähnt werden, das beim Blättern in der Fachliteratur auffällt, nämlich die unterschiedliche Datierung vorgeschichtlicher Epochen und Einzelfunde. Man freute sich bisher, wenn ausdrücklich vermerkt war, daß die jeweiligen Ausgrabungen mit Hilfe der modernen Kohlenstoff-14-Methode (Radiokarbontest) zeitlich exakt bestimmt worden seien. Hier schienen zuverlässige

Eckdaten gegeben, die gegenüber früher üblichen Schätzungen, Keramikvergleichen und Beobachtung der geologischen Schichtenfolge unvergleichlich genauer waren. Fehlerquellen von ±70 Jahren bei Zeiträumen, die 3000 bis 4000 Jahre zurückliegen, nahm man gern in Kauf.

Solange Bäume und Pflanzen leben und wachsen, speichern sie in ihren Zellen radioaktiven Kohlenstoff. Das Untersuchungsverfahren besteht darin, den Atomzerfall des radioaktiven Kohlenstoffs C14 zu messen, der in Pflanzen, Bäumen und anderen organischen Stoffen dann eintritt, wenn die Pflanzen absterben oder die Bäume gefällt werden. Durch das Verbrennen organischer Reste, vor allem von Holz, aus den vorgeschichtlichen Fundschichten kann man den radioaktiven Kohlenstoff isolieren und untersuchen. Man weiß, daß sich die ursprüngliche Menge von C14 in einem Baum nach dem Absterben in einem Zeitraum von 5568 Jahren (Libby-Halbwertszeit) um die Hälfte verringert. Dabei ging man bisher davon aus, daß der Prozeß der Anreicherung, etwa von Holz mit radioaktivem Kohlenstoff, zu allen Zeiten gleichmäßig vor sich gegangen sei.

Bei genaueren Untersuchungen stellte sich aber nun heraus, daß ein in einer inschriftlich datierten ägyptischen Pyramide verarbeiteter, 200 Jahre alter Eichenstamm eine andere C-14-Menge gespeichert hatte als ein zweihundertjähriger Eichenstamm aus unseren Wäldern. Dendrologen verglichen nun Serien von Jahresringen noch lebender Bäume mit denen vorgeschichtlicher, fossiler Exemplare. Bei bestimmten Kiefernarten und vor allem bei uralten, noch lebenden Eiben mit mehr als 1000 Jahresringen waren genaue Vergleichsmöglichkeiten gegeben.

Offensichtlich schwankt die Stärke der kosmischen Strahlung während der verschiedenen Erdepochen, möglicherweise ist sie auch nicht in allen Erdteilen gleich stark. Es ist noch nicht genau erwiesen, ob Zedern aus dem Libanon zur Bronzezeit die gleiche Menge radioaktiven Kohlenstoffs gespeichert haben wie mittelamerikanische Zedern derselben Zeit.

Aus diesem Sachverhalt ergeben sich Fehlerquellen für die

bisherigen Ergebnisse der C-14-Datierung, so daß einige Institute heute die Halbwertszeit auf 5730 bis 5770 Jahre taxieren.

Etwa seit 1975 haben die Ergebnisse einer berichtigten Datierung in unsere Literatur Eingang gefunden. Damit sind *alle älteren Angaben relativiert.* Für die Mittelsteinzeit und die frühe Jungsteinzeit sind die Korrekturen besonders groß. Die bisherigen Daten müssen um 500 bis 1000 Jahre zurückverlegt werden.

Das bedeutet für die Jungsteinzeit des südlichen Ostseegebietes statt der bisher angenommenen Zeitspanne von 3000 bis 1500 v. u. Z. bei dendrochronologischer Überprüfung die Zeit von 4000 bis 1800, für die Mittelsteinzeit statt bisher 5000 bis 3000 die neue Datierung von 8100 bis 4000 v. u. Z.

Im vorliegenden Buch wurden weitgehend die neuen Angaben benutzt. Da aber längst noch nicht alle Kohlenstoff-14-Daten unseres Arbeitsgebietes nach der aufwendigen dendrochronologischen Methode überprüft worden sind, ist man augenblicklich noch vielfach auf Schätzungen angewiesen. Unter diesem Gesichtspunkt ist auch die Zeittafel am Schluß unseres Buches zu lesen.

Rätselhaft bleibt nach wie vor die Ursache der so unterschiedlichen radioaktiven Strahlung aus dem kosmischen Raum und die wechselnde Intensität der Kohlenstoffspeicherung in Knochen, Pflanzen und Bäumen in den verschiedenen geologischen Epochen.

Medizinmänner, Zauberer und Schamanen

In einer Zeit großer technischer und sozialer Entwicklungen scheinen die Worte „Brauch", „Sitte" und „Tradition" wie Mißtöne zu klingen. Sie könnten die Vorstellung von starren Gewalten der Vergangenheit hervorrufen, die hartnäckig bestrebt sind, sich auch das Neue noch zu unterwerfen und den Lauf der Geschichte aufzuhalten. Aber durch das Prisma unserer schnellebigen Zeit können wir nicht immer die historische Rolle der Bräuche, Sitten und Traditionen sachlich genug einschätzen. Leicht lassen wir außer acht, daß diese sozialen wie auch alle anderen gesellschaftlichen Erscheinungen in vergangenen Epochen organisch gewachsen sind, sich vervollkommneten und dabei anfangs und zunächst die Entwicklung im zwischenmenschlichen Bereich durchaus förderten. Erst wenn sie erstarrten und mit der Entwicklung der soziologischen und ökonomischen Gegebenheiten nicht mehr Schritt hielten, begannen sie die Entwicklung zu bremsen und zu hemmen.

Brauch und Sitte bewahren, was im Leben des Stammes und der Familie erreicht ist. Sie sind mächtige soziale Mittel zur Stabilisierung von gefestigten zwischenmenschlichen Beziehungen. Sie erfüllen die Rolle von sozialen Mechanismen zur Weitergabe bewährter Gewohnheiten. Sie bestätigen die ältere Generation in ihren Ansichten und reproduzieren in Stamm und Familie bereits durchgesetzte Beziehungen und Verhältnisse ins Leben der jüngeren Generation.

Sich bewährende Tendenzen zwischenmenschlicher Beziehungen kleiden sich in die Formen von Sitte und Brauch. Sobald sie durch die „öffentliche Meinung" gestützt werden, erhalten sie eine große Beständigkeit und überschreiten damit den engen Bereich individueller Gewohnheiten. Dadurch werden fördernde, konstruktive Errungenschaften vergangener Zeiten aufbewahrt und willkürlicher Änderung durch einzelne Personen oder Familien entzogen.

Das schließt nicht aus, daß sich dann im Zuge weiterer Entwicklungen bisherige Sitten und Traditionen in ein Hindernis für den gesellschaftlichen Fortschritt verwandeln können. Das tritt überall dort auf, wo Sitte und Brauch, ohne Rücksicht auf die jeweiligen Verhältnisse, alte Tätigkeitsschablonen reproduzieren, obwohl diese zu Stagnation und Routine führen. Dennoch spielten Sitte und Brauch auch in jenen frühen Zeiten eine wenigstens teilweise positive Rolle, da nur so die Errungenschaften der materiellen und geistigen Kultur bewahrt und weitergegeben werden konnten. I. Suchanow, auf den ich mich hier beziehe, hat darauf hingewiesen, daß gerade in ur- und frühgeschichtlichen Zeiten mit ihren fast ununterbrochenen kriegerischen Auseinandersetzungen und Stammeswanderungen, verwüstenden Überfällen und Epidemien die Beständigkeit von Sitte, Brauch und Tradition ein rettender Faktor war, um die Errungenschaften zivilisatorischer Entfaltung zu bewahren und an die folgende Generation weiterzugeben.

Obwohl eine ganze Reihe von Volkssitten und Bräuchen von Unwissenheit, Grobheit und sozialen Schwierigkeiten strukturell abhängiger Menschengruppen geprägt worden waren, kann man doch sagen, daß ihr Hauptstrom in die Richtung ging, die besten und bewährtesten Muster und Beispiele der Gestaltung menschlichen Lebens und Zusammenlebens zu typisieren und den folgenden Generationen als Muster für ihr Handeln, Denken und Fühlen zu übergeben.

Angesichts des Fehlens schriftlicher Aufzeichnungen und der relativen Isoliertheit der Stämme und Völker hing außerordentlich viel davon ab, die als Ergebnis eines jahrhundertelangen Erziehungsprozesses gewonnenen Einsichten, die in einem System von Sitten und Gebräuchen ihren Niederschlag gefunden hatten, nicht abreißen zu lassen. Feuer konnte man beim Nachbarn erbitten, wenn es am eigenen Herd erloschen war. Hatte Frost den Garten verwüstet, konnte man Setzlinge beschaffen und den Garten neu anlegen. Aber abgebrochene gute Sitten und Traditionen ließen sich nicht so schnell wiederherstellen. So ist die ehrfurchtsvolle und achtsame Einstellung zu den Sitten und Traditionen der eigenen Familie und der Stammesgruppe zu erklären. Die Kontinuität der Generationen, die Treue der Kinder gegenüber den Erfahrungen und Sitten der Väter bedeuteten ein Grundgesetz menschlichen Lebens und Überlebens.

So weit, so gut. Wer waren denn nun aber konkret die Träger dieser Traditionen? Wer war für Einhaltung und Pflege von Sitten und Gebräuchen verantwortlich?

Daß diese Frage berechtigt ist, wird deutlich, wenn wir uns den Unterschied zwischen Sitte und Tradition vergegenwärtigen. Sitte und Tradition sind zwei nebeneinander existierende Formen, in denen eine Generation der nächsten ihre sozialen Verhaltensweisen, ihre moralischen Überzeugungen und Gefühle sowie ihre sozialökonomischen Handlungsweisen übergibt.

Sitten bilden für ein Kind in den ersten Lebensjahren eine unersetzliche Lebenshilfe, um zur Welt der Erwachsenen Zugang zu finden. Aber auch im weiteren Lebensverlauf bleibt der Kodex der Sitten ein effektives Mittel für die Organisation der psychischen Tätigkeit und Prozesse, in die steigenden Lebensanforderungen hineinzuwachsen.

Sitten erziehen dem Menschen unwillkürlich bestimmte Züge geistigen Wesens an. Sie wirken im Gegensatz zur Tradition nicht direkt, sondern vermittelt und verlangen keine rationale Bewältigung oder gar Zustimmung. In diesen Eigenschaften der Sitten ist eine große Kraft verborgen: Menschen, die von einem System solcher Gewohnheiten der Sitten umgeben sind, werden entsprechend den Erfordernissen der Gruppe natürlich und einfach erzogen, meist unmerklich für sie selbst. Eine Sitte kann also durchaus ohne besondere eigene Überlegung aufgenommen und befolgt werden. Trotzdem gibt sie der Psyche und dem Verhalten des Menschen eine stärkere Prägung, als das die Tradition vermag.

Die Tradition hingegen stellt im Unterschied zur Sitte direkt und unmittelbar eine Verbindung zwischen gegenwärtigen Handlungen und überlieferten Erfahrungen her. Für einen traditionsgebunden handelnden Menschen sind die überlieferten geistigen Vorstellungen immer die ausschlaggebende Ursache für entsprechendes Handeln und bestimmender Faktor des Verhaltens. Durch die Macht der Tradition werden Handlungen einem Erziehungsziel *bewußt* zugeordnet.

Sitte ist eine sich relativ stereotyp wiederholende zwischenmenschliche Beziehung, die dadurch eine bis ins einzelne gehende Überprüfung und Reglementierung zuläßt. Das unterscheidet die Sitte von der Tradition. Denn in der Tradition wird, bewußt und verstandesgemäß aufgearbeitet, eine Ursache-Folge-Beziehung zwischen den vorgenommenen Handlungen und den sie bestimmenden geistigen Vorstellungen festgehalten. Wesentlich mehr als die Sitte vertieft die Tradition die zwischenmenschlichen Beziehungen, weil sie die Probleme *bewußt* erfaßt und unter vergleichender Hinzuziehung der Überlieferung positiv zu bewältigen sucht.

Sitte und Tradition unterscheiden sich vor allem durch ihre Funktion. Sitten sind auf die Stabilisierung der zwischenmenschlichen Beziehungen ausgerichtet, unterwerfen alle Handlungen einer strengen Obhut und halten durch Verbote alles fern, was das normale Funktionieren von geistigen Eigenschaften stören könnte. Die Weiterbildung von geistigen Eigenschaften und Erfahrungen im Prozeß der Beachtung und Einhaltung von Ordnungen gehört nicht zu ihren eigentlichen Aufgaben. Die soziale Bestimmung der Sitten läßt sich auf die *Bewahrung* der in einer Gruppe durchgesetzten einfachen Beziehungen zurückführen.

Die soziale Bestimmung der Tradition dagegen drückt sich darin aus, daß sie als ein Mittel der Herausbildung und bewußten Weitergabe derjenigen geistigen Vorstellungen und Erfahrungswerte dient, die für ein normales Funktionieren komplizierterer gesellschaftlicher Beziehungen notwendig sind und meist über den Bereich des Alltags der Gruppe hinausgehen. Die Tradition sucht durch Hinweis auf bestimmte Handlungsarten und Verbote der Herausbildung bestimmter geistiger Eigenschaften zu dienen. Insofern ist die Tradition auf *bewußte Träger* dieser komplizierten geistigen Erfahrungswerte und Zielvorstellungen angewiesen.

Die Entstehung und Entwicklung von sozialen Mechanismen bei der Meisterung der Naturkräfte und die Gewährleistung ihrer Weitergabe sind ein wichtiger Faktor im Prozeß des Aufstiegs der Menschheit. Die strenge Standardisierung des Verhaltens im System von Sitten zerbrach die Macht der Instinkte in den interpersonalen Beziehungen und überwand die biosozialen Probleme des Individualismus. Die durch Sitten reglementierten Handlungen und Handlungsverbote förderten die gegenseitige Abstimmung materieller, physischer und geistiger Eigenschaften und persönlicher Fähigkeiten im Hinblick auf die Erfordernisse sich entfaltender Lebensmöglichkeiten der Gruppe. In jeder Großfamilie und jedem Stamm wurden Bräuche und Sitten herausgebildet, die zu einem bestimmenden Faktor der jeweiligen Lebensweise wurden. So fanden nach und nach die Welt der moralischen und dann auch der künstlerischen und religiösen Einstellungen entsprechend der Art der sozialökonomischen Verhältnisse ihre konkreten Ausformungen.

Wer wachte über die Sitte? Wer hatte das Ansehen und die Fähigkeit, Träger bewußt übernommener, aufgearbeiteter und bejahter Erfahrungswerte im Rahmen von Tradition zu sein?

Zur Beantwortung dieser beiden Fragen wird man zunächst auf die die Sitten bewahrende Rolle der einflußreichen Frauen und älteren Männer und Familienväter in jeder Großfamilie und Stammesgruppe hinweisen. Sie bildeten die „öffentliche Meinung" und wachten über die Sitten.

Bewußte Träger von aufgearbeiteten Traditionen dagegen werden immer nur wenige „Weise" gewesen sein, auf deren Rat man hörte, deren Erzählungen Kinder und Erwachsene zuhörten und die in außergewöhnlichen Situationen, wie bei ausbleibendem Regen, bei Seuchen oder Todesfällen, um die Geheimnisse magisch-kultischer Handlungen wußten.

Ein erstes Anzeichen der Aufteilung und Spezialisierung der Helferrolle des Familienvaters und der Ältesten in dieser vorwärtsdrängenden und doch von vielen Ängsten beengten Frühzeit durch das Aufkommen der Funktionen des Medizinmannes und der „Zauberin" gibt uns ein Fund aus Blidegn in Südfünen. Hier stand auf der Ostseite eines Grabes ein kleiner Schrein aus Lindenholz. Außer Hausgerät, prakti-

Jagdzauber: Wildpferdkopf auf einer Bernsteinscheibe. Amulett eines altsteinzeitlichen Jägers aus Meiendorf um 12 000 v. u. Z.

schen Dingen und Bernsteinschmuck fanden sich sonderbare Gegenstände: ein Spinnwirtel aus Glas (eine einfache Schwungscheibe, um aus Wolle einen Faden zu drehen), ein winziges Tongefäß, sechs kleine Weidenstäbe in einer Hülse aus der Rinde des sehr giftigen Spindelbaumes und ein versteinerter Seeigel. Zapfenschuppen von Pinien und Samen der Pimpernuß waren in einem besonderen, aus Schilf geflochtenen Schächtelchen aufbewahrt. Um das Holzkästchen herum lagen wie ein schützender Kranz, der nur zum Grab hin offen war, ein Steinbeil, eine Lanzenspitze aus Feuerstein, eine Muschel, einige kleinere versteinerte Seeigel, glatte, runde und ovale Kiesel sowie ein Glättstein.

Pinienzapfen und Spindelbaum müssen aus südlicheren Ländern mitgebracht oder eingetauscht worden sein. Pinienschuppen und Pimpernuß sind nach Parallelen aus alter und neuer Zeit als magische Fruchtbarkeitsmittel anzusehen.

Tacitus bezeugt später den Gebrauch von Weide und Haselstrauch als Zauberstab im Norden. So ist wohl im Frauengrab von Blidegn eine Zauberin, eine Medizinfrau, mit ihrem Zauberkasten beigesetzt worden.

Soziologische Analysen im Bereich rezenter, gegenwärtig noch existierender Restgruppen steinzeitlicher Jägerkulturen bei den Eskimos, den Buschmännern in Afrika, bei Ureinwohnern Australiens und der Urwälder Brasiliens lassen erkennen, daß die Bezeichnung „Zauberer" oder gar „Scharlatan" den tatsächlichen Funktionen dieser Leute nicht gerecht wird. Eher ist schon der Ausdruck Medizinmann oder Zauberpriester zutreffend.

Es ist bekannt, daß Medizinmänner beinahe ausnahmslos bei allen vorgeschichtlichen Menschengruppen vorkommen. Der Medizinmann ist zunächst der Arzt, der traditionelle Heilmethoden und überkommenes Wissen um Arzneimittel sorgfältig bewahrt und anwendet.

Meistens geht seine Rolle über die des Arztes hinaus und nähert sich der des Seelsorgers und Priesters oder auch der des modernen „Psychologen" und „Pädagogen". Fast immer behauptet er eine zentrale Stellung innerhalb der Gruppe. Oft ist er der Gegenpol zum Gruppenältesten, zum Häuptling. Als Persönlichkeit ist der Medizinmann meist von einer seine Gruppe überragenden Intelligenz und von deutlichem Machtstreben geprägt. Die Fähigkeiten des Medizinmanns beruhen vor allem auf einer Gabe zur Suggestion und Hypnose. Irgendwie erlangt er durch Übung die Fähigkeit, seine Gruppe zu beeinflussen. Auf der Basis der Suggestion ist dann fast aller „Zauber" zu erklären, den Medizinmänner vollbringen, wie telepathische Phänomene, Hellsehen, Traumreisen, geheimnisvolles Verschwinden und Wiederauftauchen von Gegenständen und dergleichen mehr. Neben gelegentlich solidem medizinischem Können und klug angewendeten überkommenen Erfahrungen findet sich häufig die Kenntnis einfacher Taschenspielertricks und fingerfertiger Kunststückchen, die zu der Bezeichnung „Zauberer" oder „Zauberin" geführt haben. Sie ist aber auch in späterer Zeit niemals die Selbstbezeichnung dieser Leute, sondern erst in neuerer Zeit aufgekommen, ein Klischee, das den tatsächlichen Funktionen des Medizinmanns alter Kulturen nicht gerecht wird.

Anders verhält es sich mit der Bezeichnung „Schamane", auch wenn in der Literatur die Unterscheidung zwischen Medizinmann und Schamane oft unklar bleibt. Diese Tatsache wird aber verständlich, wenn man weiß, daß Schamane und Medizinmann bei den vorgeschichtlichen Völkern weitgehend dasselbe bedeuten, sie haben gleiche Funktionen und wenden auch dieselbe psychologische Technik bei Magie und Beschwörung an. Doch gehört zum Medizinmann und zum Schamanen jeweils eine ganz verschiedene Persönlichkeitsstruktur. Die psychischen Voraussetzungen beider sind völlig anders geartet, wenn auch die Funktionen und ihre Bedeutung für die geistige Verfassung der jeweiligen Gruppe bei beiden ziemlich ähnlich sein mögen.

Der Unterschied zwischen Medizinmännern und Schamanen – weibliche Gestalten sind in diesem Bereich jedenfalls bei den rezenten archaischen Restgruppen selten – liegt einmal in der charakterbedingten Form und Intensität des Berufserlebens und der Berufung und zum anderen in dem andersartigen persönlichen Ansatz und der Motivation ihrer Beeinflussungsmethoden.

Im Gegensatz zum Medizinmann handelt der werdende Schamane unter einem inneren Zwang. In vielen Fällen will der von „Geistern" gepackte und bedrängte, meist junge Mensch durchaus nicht Schamane werden, sieht aber keinen anderen Ausweg.

In eine uns verständliche Sprache übersetzt: Eine aus welchen Gründen auch immer auftretende Psychose ist so stark, daß der davon befallenen Person nur der Ausweg bleibt, in eine schamanistische Handlung auszuweichen. Meist handelt es sich dabei um künstlerische Produktivität, Tanzen, Singen, schauspielerische Magie und Beschwörungen.

Die Stellung des Schamanen ist äußerlich der des Medizinmanns sehr ähnlich. In vielen Fällen kann man beide nicht voneinander unterscheiden. Auch der Schamane übt priesterliche, seelsorgerische und ärztliche Funktionen aus. Im Unterschied zum Medizinmann handelt er aber in einem Trancezustand, in den er sich selbst oft unter Zuhilfenahme von Narkotika versetzt. Seine Beschwörungen der Geister, seine Heilungsversuche werden von ihm nie bei klarem Bewußtsein, sondern immer in einem entrückten Trancezustand vorgenommen. Dementsprechend überwiegen beim Schamanen psychische Phänomene, Beschwörungen, Telepathie und Hellsehen. Beim Medizinmann sind derartige Fähigkeiten und Handlungen mehr in das Gebiet der Taschenspielertricks zu verweisen, die vorgeführt werden, um die suggestive Wirkung auf die Zuschauer zu verstärken. Der Schamane dagegen erlebt alle diese psychologischen Phänomene mit großer Intensität an sich selbst.

Während beim Medizinmann ein deutliches Herrschafts- und Machtstreben unverkennbar ist, bietet der Schamane eine kompliziertere, zwiespältige Persönlichkeit. In den letzten Jahren haben Untersuchungen über Schamanen bei verschiedenen arktischen und subarktischen Stämmen in verschiedenen Epochen wichtige Aufschlüsse über die Geistesstruktur der Schamanen und die Manifestationen ihres Wirkens gebracht, auf die man zuerst im Bereich der buddhistischen Religion aufmerksam geworden war.

Schamanisieren heißt, sich „die Geister dienstbar" zu machen. Die „Geister" sind vorgestellte Bilder, beseelte und personifizierte Naturkräfte, Gestalt gewordene Vorstellungen persönlicher und kollektiver Art, Bilder aus der Mythologie des Stammes, alte bildhafte Überlieferungen der Gruppe, überhaupt die bewußten und unterbewußten Inhalte und Anschauungen der animalen Persönlichkeitsschicht.

Der Schamane gestaltet diese Bilder, stellt sie dar, läßt sie in Personen, Gegenständen oder Tieren Gestalt gewinnen. Er identifiziert sich mit ihnen, nimmt sie als reale Kräfte an und interpretiert sie künstlerisch. Das geschieht, damit er die „Geister" einfangen, beeinflussen, bannen und unterwerfen kann.

Das medizinisch Interessante an den neuen Untersuchungen ist, daß der oft psychisch kranke Schamane in seine chaotische Gedankenwelt nach und nach Ordnung zu bringen vermag und seine eigenen Bildkräfte und Vorstellungen sich selbst wieder dienstbar macht. Oft wiederholte Trancezustände erleichtern ihm den Übergang vom Unterbewußten zum Bewußten.

Schälchenstein innerhalb eines Hünengrabes bei Bunsoh/Dithmarschen

Schamanismus ist also keine primitive Religionsform, sondern zuerst ein psychologisches Problem bestimmter Gemüts- und Geisteskrankheiten, das dann auch ethnologische, kulturelle, historische und religiöse Erscheinungsbilder nach sich zieht. Auf Grund eines in den Einzelheiten noch nicht durchsichtigen Heilungsprozesses ist der Schamane in der Lage, psychisch bedingte Krankheitszustände selbst zu überwinden, von einem „negativen" zu einem „positiven" und produktiven Geisteszustand zu gelangen.

Der Schamane handelt also unter einem inneren Zwang. Von daher ist auch die Intensität seines Berufungserlebnisses zu verstehen. Ärztliche und priesterliche Funktionen stehen also erst an zweiter Stelle, geschehen gewissermaßen „nebenher". Die auffällige, schon seit der Steinzeit nachweisbare Schamanentracht ist als beabsichtigte „Entpersönlichung" zu erklären.

Moderne Forschungen gehen nun in die Richtung, herauszubekommen, wie dem Schamanen aus Geistesverwirrung und Krankheit eine – bedingte – Heilung und psychische Erneuerung gelingt. A. Lommel nimmt an, daß schon der Mensch sehr früher Epochen einen fast zwangsläufig zu nennenden Weg zur Heilung aus einigen Geisteskrankheiten (Psychosen) gefunden hat. Eine bestimmte „Seelenkonstruktion", eine eigenartige Anordnung seelischer Faktoren und Handlungen ermöglichten einen Ausweg aus pathologischen Zuständen. (Es ist wohl kein Zufall, daß ein Teil der auf diesem Gebiet arbeitenden Wissenschaftler vorher die Mechanismen des autogenen Trainings erforscht haben.)

Insgesamt läßt sich heute sagen, daß der soziale Aspekt von Medizinmann und Schamane darin liegt, daß sie in vorgeschichtlichen Zeiten institutionalisiert dazu beigetragen haben, in Sitte und Tradition die Formen zu finden, die ein Weiterleben als selbständige Gruppe mit bestimmten gruppenspezifischen Merkmalen und dem Bewahren ihrer kollektiven Identität gewährleisteten. Als Aufgabe des Kultes wäre dann in jedem Fall die rituelle Konservierung älterer Sitten und Gebräuche zu definieren. Kult in vorgeschichtlicher Zeit verstärkte die Tendenz der Sitte unter gleichzeitigem Abbau der Reglementierung auf dem Weg der „geistigen Überhöhung". Durch die festgelegten, ständig wiederholten Formen der kultischen Feiern, die Riten, wurden die Inhalte von Sitte und Tradition jeder Diskussion — etwa über ihre Wirkung und den Nutzen des Aufwands — entzogen.

Die Riten und kultischen Praktiken sollten die Versöhnung zwischen den Menschen und den unheimlichen Naturgewalten und geheimnisvollen Schicksalsmächten bewirken. Wenn wir in der Religionsgeschichte bei dem menschlichen Bemühen um Aufhebung der Feindschaft zwischen Mensch und Gottheit vom Opfer sprechen, dann in der Vorgeschichte zunächst in dem Sinn, daß ein zorniger Dämon besänftigt oder gar bestochen werden muß. Das Opfer schafft dann für den Menschen eine neue, bessere Ausgangsposition. Man läßt sich diesen Versöhnungsritus viel kosten, außer materiellem Einsatz kann das Opfer bis zur persönlichen Selbsthingabe gehen.

Das Wissen darum, daß Leben mit gewissen Opfern und Selbstbeschränkungen durchaus sinnvolles, erfülltes Leben sein kann, ermutigte dann auch zu den „kleinen Opfern" in den verschiedenen Situationen des Alltags, die auch heute im Grunde noch — wenn auch auf ganz anderer Ebene — für das Zusammenleben der Menschen unentbehrlich sind.

Jahrtausendelang fühlte sich der Mensch auf die Gewalt des Schicksals und der Natur angewiesen. Im Opfer meinte er eine Möglichkeit gefunden zu haben, sich den „Geistern" zu verbinden oder sie doch wenigstens zu besänftigen. In der magischen Weltauffassung ist der Mensch ein Spielball in den Händen der Schicksalsmächte, die ihm bald zugeneigt, bald abgeneigt sind. Die Rettung besteht darin, die „Geister" zu beeinflussen. Um das zu erreichen, sind alle Wege recht. Diese Anschauung führte dann unvermeidlich auch zu Menschenopfern oder entsprechenden Ersatzopfern.

Erst durch das Werk des Hippokrates wird das magische Weltbild verlassen, tritt beispielsweise die Krankheit in den Bereich des Wahrnehmbaren und Verständlichen ein. Durch Heilmittel und nicht mehr durch Riten nimmt der Mensch Einfluß auf deren Verlauf. Gesundheit und Krankheit sollen beide mit denselben Methoden erforscht werden, so wie die anderen Probleme der Natur auch. So fordert es Hippokrates.

Eine wichtige Konsequenz dieses Bruchs mit der Magie ist die Erkenntnis, daß Kankheiten eine natürliche Ursache haben. Es kommt dann dem Verstand zu, den Grund zu entdekken. Im magischen Verständnis steht der Kranke unter dem Einfluß unheilvoller Mächte. Mit dem Beginn des rationalen Denkens *ist* er nicht mehr krank, sondern er *hat* eine Krankheit.

Es war ein weiter Weg, bis die Menschheit dann im klassischen Griechenland, beginnend mit den ionischen Naturphilosophen um 500 v. u. Z., die Medizin — wenigstens im Prinzip — vom Irrationalen zu trennen lernte und die Heilung eines Kranken auf verstandesmäßigem Wissen mit einer eigenen rationalen Ethik, abgesichert durch entsprechende Tradition, wie den Eid des Hippokrates, aufbaute.

Sonne, Mond und Astronomie: die Zeit der Symbole

Die Jungsteinzeit und die Bronzezeit sind in ganz Europa eine Zeit des Geisterglaubens und der mystischen Symbolik. R. Drößler hat anschaulich dargestellt, wie von Sibirien bis zur Bretagne, von Spanien bis zu den Alpen, von Bulgarien bis Skandinavien einander sehr ähnliche Felsmalereien und Knochengravierungen von diesen gemeinsamen geistigen Vorstellungen am Ende der Jungsteinzeit Zeugnis ablegen. Für unser Arbeitsgebiet sind diese Funde allerdings noch sehr dürftig.

Für den Menschen damals existierten Natur, Familie und Jagd nicht als einheitliche Begriffe, sondern in ihrer Vorstellung bevölkerten Scharen von Geistern, Dämonen und anderen Wesen die Luft, die Wälder und die Gewässer und beeinflußten in vielfältiger Wechselbeziehung die Existenz des einzelnen Menschen und seiner Familie. Um die Tiere und die sie beseelenden Geister machte man sich besondere Gedanken, versuchte, sich in ihr Wesen und Fühlen hineinzuversetzen.

Jagdzauber und Gespensterglaube beherrschten den Alltag. Geisterbeschwörung und Ahnenkult mit der Vorstellung irgendeiner Regeneration des Körpers nach dem Tod und die Verehrung, Beschwichtigung und Versöhnung der Naturmächte an Quellen, Bergen, Höhlen und Seen sind durch Opferfunde belegt. Vor allem unter großen Steinen, an Bächen und in Mooren wurden vielfach wertvolle Opferhorte niedergelegt.

Manchmal gab es bei kultischen Riten für einzelne Landschaften Verschiebungen. Im warmen, lebensfrohen Süden entwickelten sich die neuen Kultureinflüsse rascher. Im Norden brauchten sie mehr Zeit, das Alte zu verdrängen. In abgelegenen Waldgebieten lebten die Bräuche und Mythen länger als an den Handelsplätzen längs der Küsten.

In einer Alltagswelt, die durch Jagd und Viehhaltung mit

der Tierwelt eng verbunden und weithin von der Gunst der Witterung abhängig war, bauten die Vorstellungen kultisch-religiösen Denkens auf die möglichst günstige Gestaltung der Beziehungen des Menschen zum Tier, aber auch zu den Wettergottheiten, vor allem der Sonne, auf. Es geht dabei gar nicht um eine bloße Vergottung des — allerdings lebenswichtigen — Tieres, sondern um die Aussöhnung zwischen dem Menschen und dem Tier. Der Gedanke eines Versöhnungsopfers wurde schon seit der ausgehenden Altsteinzeit in einfacher Form dadurch verwirklicht, daß man die Tierfamilie oder die „Herrin der Tiere" durch ehrfurchtsvolle Behandlung und das Aufstellen der Tierschädel sowie die Darbringung der gesammelten Knochen versöhnen und für den erlittenen Verlust entschädigen wollte.

Vor allem erlegte Bären wurden respektvoll behandelt, ihre Schädel in Höhlen aufbewahrt und mit Steinplatten umgeben. Zahllose Fußabdrücke im Lehmboden deuten darauf hin, daß um die Bärenschädel herum kultische Tänze aufgeführt worden waren.

Vielfach finden sich Fruchtbarkeitsidole, kleine naturalistische Figürchen, die wahrscheinlich als Amulett am Hals getragen wurden und denen in einer Zeit hoher Kindersterblichkeit besondere Bedeutung beigemessen wurde. Jagd- und Fruchtbarkeitszauber sollten Ernährung und Fortpflanzung sichern.

Fruchtbarkeitszauber hat es sicher auch bei den nordischen Megalithkulturen gegeben. In den Großsteingräbern Irlands und Frankreichs ist jede freie Fläche mit Symbolen, Zeichnungen und kultischen Motiven bedeckt, die wir im Norden leider völlig vermissen müssen. Eine offenbar traditionelle Bilderfeindlichkeit des Nordens erschwert jede Aussage über den Kult und die feierlichen Riten der Trichterbecherleute.

Aber auch bei der Deutung der westeuropäischen Felszeichnungen, Symbole und Opferformen ist man weiterhin auf Vermutungen oder Analogieschlüsse aus ähnlichen Motiven späterer Zeit angewiesen. Direkte Überlieferungen über die Zusammenhänge zwischen geistiger, vernunftbegabter Entwicklung und ihrem Niederschlag in kultischen Vorgängen, die dann auch schriftlich aufgezeichnet wurden, haben wir erst aus erheblich späterer Zeit. So wird in der Bibel (1. Mos. 22) über die Probleme der Ablösung des von der uralten Sitte in Kanaan geforderten Menschenopfers durch das Tieropfer berichtet. Diese inneren Auseinandersetzungen eines klaren, denkenden Menschenverstandes mit den starren, abergläubischen Stammesforderungen der Opferung des ältesten Sohnes werden sich nicht nur im Orient, sondern auch in Nordeuropa am Ende der Steinzeit häufiger abgespielt haben.

Aber schriftliche Aufzeichnungen über den Sinn und die Bedeutung, die man Speise-, Trank- und Brandopfern zuschrieb, haben wir erst aus der Bronzezeit aus dem Raum des östlichen Mittelmeeres und für Mitteleuropa durch die Überlieferungen römischer Schriftsteller seit der Eisenzeit.

Es wäre vermessen, angesichts der dürftigen Quellen gerade in unserem Gebiet etwas über das geistig-religiöse Leben so entlegener Zeiten aussagen zu wollen. So wenig wie über die sozialen Strukturen läßt sich über diese feinen Regungen des menschlichen Geistes ein auch nur annähernd abgerundetes Bild gewinnen.

Und doch geben uns die Funde und Beobachtungen, so bescheiden sie im einzelnen auch sein mögen, manchen brauchbaren Hinweis. Man erkennt mit hinreichender Deutlichkeit, daß das Denken und die Kunst vor allem um vier Zentralthemen kreisen: Liebe und Fruchtbarkeit, Tod und Weiterleben nach dem Tod, Einfluß von Mächten, Dämonen und Gestirnen auf das Menschenschicksal und dann das Tier und seinen Animus, seine „Seele". Dabei sollte man diese Begriffskreise so weit wie möglich fassen. In der Kunst und im kultischen Ritus fanden diese Vorstellungskreise ihren jeweiligen Ausdruck, erstarrten, wurden erneuert und verändert.

Es ist außer Zweifel, daß neben vorwärtsdrängenden geistig-kulturellen Bestrebungen auf höheren Ebenen immer wieder auch Magie, Zauberei und Beschwörung auf primitiver Stufe weiter gediehen. Furcht vor der begrenzten, aber nicht zu mißachtenden Macht der verborgenen Bewohner von Haus und Wald, von Hügel und Wasser oder auch Zutrauen zu diesen Kräften — man steht hier schwer auszurottenden Vorstellungen gegenüber, die den Menschen durch alle Zeiten folgten. Der Rauschtrank, das Zaubermittel ließen Anteil nehmen an der Überfülle, an der Ganzheit des Alls, am Reich der Dämonen und Zwerge mit ihren übermenschlichen Kräften. Der rhythmische Ton der Trommel bannte die Geister der Unordnung und rief schöpferische Kräfte, die Flamme schaffte Geborgenheit und zerstörte auch wieder Ordnung und Festigkeit, Beschwörung versuchte, die guten Kräfte zu vergegenwärtigen. Die weiße Magie wollte Krankheit und Unheil zum Guten des Menschen bannen, die schwarze Magie dagegen Böses heraufbeschwören, Rachegeister rufen und Strafe vollziehen.

Grunderfahrungen menschlichen Lebens wurden zu einer Gestalt „zusammengebunden", personifiziert, die Mondgottheit als Göttin der Liebe, Diana bei den Römern als Göttin der Jagd und der Tiere. Der Horizont des Menschen der Jungsteinzeit erweiterte sich wesentlich, man sah und erlebte immer mehr. Und so brauchte der Mensch auch mehr und immer neue Symbole, um sein Empfinden gegenüber der Umwelt auszudrücken und festzulegen. Der Mythos, die Göttergeschichte, machte seine Erfahrungen und sein Erleben transparent, mitteilbar für seine Mitmenschen.

Wir können heute diese symbolische Geladenheit nicht mehr nachvollziehen. Derartige Symbole sind auch für Freude, Hoffnung, Schuld, Leid, Liebe, Angst und Zuversicht nicht mehr nötig. Die Erfahrungen unseres Alltags sind für uns durchschaubar und ursächlich erkennbar geworden, sachlich und klar zu umreißen und jedenfalls im Ansatz rational und dann auch emotional zu bewältigen.

Leider beziehen sich die weitaus meisten megalithischen Zeugnisse und Funde auf Geistermagie und Totenkult. Aber man wird dem eigentlichen, optimistischen und selbstbewußten Baugedanken der Dolmenzeit nur gerecht, wenn man in das Bild jener Zeit vor allem auch die fröhlichen Jahresfeste einbezieht und bedenkt, daß im Mittelpunkt des Interesses die Beobachtung der Bewegung von Sonne und Mond in ihren verschiedenen Phasen gestanden hat.

„Man soll die Feste feiern, wie sie fallen", hieß es damals wie heute. Daraus kann man schon fast eine Theorie machen. Das Sprichwort besagt nämlich:
— Feste haben einen Anlaß.
— Feste haben ihre Zeit und ihren besonderen Rhythmus.
— Feste haben ihre eigentümlichen Inhalte und Traditionen.
Die ältesten Feste sind inhaltlich dadurch bestimmt, daß eine Gemeinschaft die für ihre soziale Existenz wichtigen Ereignisse feiernd beging, nämlich das, was ihr Leben begründete und angesichts von Krisen und Bedrohungen erhielt, erneuerte und das Dasein lebenswert machte. Deshalb sind für Akkerbaukulturen erste Saat und die Erntefeste wichtig, für nomadische Gruppen die Rituale zu Beginn und am Ende des Weidewechsels. In Jägerkulturen feierte die Gruppe den besonderen Jagderfolg, Mut und Geschick einzelner, während Feste im Ablauf des Naturjahres hier keine Heimat hatten. Die Opferfunde in Stellmoor könnten aber darauf hinweisen, daß der Beginn der Hauptjagdzeit — bei ziehendem Wild das Frühjahr, bei Standwild der Herbst — gefeiert worden ist. Aber stets ging es um Elementares, um reichliche Nahrung und Beute und um Gesundheit des Viehs, um Segen oder Fluch, um Glück oder Unglück.

In heißen Gegenden verehrte und beobachtete man den Mond und wartete freudig auf die Phasen des milden Mondlichts. In kalten Regionen hing alles Leben und Wachsen von der Kraft der ansteigenden Sonne ab. Ihr galten die jahreszeitlichen Feste.

Der Mensch der Jungsteinzeit trieb Landwirtschaft. Zur Erzielung guter Ernteerträge beobachtete er das Naturjahr sorgfältiger als der Jäger. Es ist durchaus vorstellbar, daß er erste kalendermäßige Einteilungen vornahm. Für einen günstigen Aussaattermin mußte er den im Wechsel der Monate und Jahre sich abspielenden Himmelserscheinungen Beachtung schenken. Bei genauer Beobachtung zeigten sich wiederkehrende Sonnen- und Mondstellungen, die ihm gestatteten, Terminbereiche im Jahresablauf auch im voraus festzulegen. Es galt also, die Festzeiten zu bestimmen, damit sie wirklich auf „feste Zeiten" fielen.

Und so wurden die Festzeiten zu Eckdaten im Arbeitsrhythmus des Bauern. Wenn es auch aus dieser frühen Zeit keine schriftlichen Überlieferungen gibt, so scheinen sich doch aus der Anordnung von Steinkreisen, Merksteinen und Steingruppen konkrete Hinweise zu ergeben.

Es gilt heute als sicher, daß der Ausrichtung von Großsteinbauten vielfach himmelskundliches Wissen und astronomische Zweckbestimmung zugrunde liegen, die ihrerseits ein gewisses Maß an mathematisch-meßtechnischem Können voraussetzten. Doch sind entsprechende einwandfreie Zeugnisse gerade aus dem uns hier beschäftigenden Bereich besonders spärlich. Dagegen konnte für die portugiesische Küste, die Bretagne, Irland, Schottland und Südengland sowie für Sylt durch A. Thom und R. Müller glaubhaft nachgewiesen werden, daß die Baumeister der Megalithkultur durchaus mit „Elle und Faden" und einem Sonnenkalender umzugehen wußten.

Heute steht der Astronom bei der Rekonstruktion steinzeitlicher Anlagen vor der Aufgabe, hauptsächlich den Lauf der Sonne und des Mondes in Rechnung zu stellen, denn beide haben sich in der Zeitspanne zwischen 2200 bis 1500 v. u. Z. praktisch kaum verändert. Die Abweichung beträgt für 600 Jahre nur 0,07 Grad.

Günstig sind die Gebiete dran, in denen die Megalithbauten eingravierte, deutbare Felszeichnungen mit geometrischen Linien, konzentrischen oder auch elliptischen Kreisen und Spiralen, Dreiecken und Parallelen tragen. Vielfach sind vor allem in der Bretagne offensichtlich Sonne und Mond dargestellt. Daneben findet man auf Steinen oder Steintafeln Menschen in betender oder beschwörender Haltung dargestellt, die auf religiöse Zusammenhänge der Motivkreise deuten. Konzentrische Kreise und ausgehöhlte Schälchen auf Steinbeilen, Bernsteinscheiben und Megalithgräbern spielen vielleicht als „Auge der Göttin" auch im Ostseegebiet eine bedeutende, wenn auch vorläufig noch rätselhafte Rolle.

Mehrfach hat man auch Hinweise auf die Kenntnis der sich im Ablauf von 18,6 Jahren wiederholenden mittleren Monddeklination finden wollen. Kennt man dazu noch den Verlauf

Diese Beile können keine Werkzeuge gewesen sein. Sie wurden als Grabbeigaben aufgefunden und hatten wohl symbolische Bedeutung.

der scheinbaren Sonnenbahn, die Ekliptik, so lassen sich Sonnenfinsternis und Mondfinsternis genau vorhersagen. Eine schriftliche Bestätigung, daß Menschen im Nordseegebiet diese komplizierten Bewegungsverhältnisse von Sonne und Mond beobachtet haben, ist aus dem 6. Jahrhundert v. u. Z. überliefert.

Während der Zeit der Sommersonnenwende ist die Veränderung des Aufgangs- oder Untergangsortes der Sonne am Horizont einige Tage lang kaum wahrnehmbar. In unseren nördlichen Breiten erreicht die Verschiebung der Auf- und Untergangspunkte etwa 9 bis 10 Tage vor und nach der Wende nur die Breite einer Sonnenscheibe. Man kann also selbst heute nicht den wahren Zeitpunkt der Sonnenwende ohne Hilfsmittel auf Anhieb auf den Tag genau festlegen, ganz abgesehen von möglichen Schlechtwetterlagen. Deshalb ist eine Ortung über „Visiersteine", die zum Sonnenwendpunkt ausgerichtet waren, ohne allzugroße Genauigkeit, jedoch markierten die Steine zuverlässig die „Festzeiten".

Einige Forscher meinen, daß am Ende der Steinzeit bis in die Bronzezeit hinein auch hellere Sterne und Sternbilder beobachtet und durch entsprechende Steinsetzungen Kulminationspunkte festgehalten worden sind. Doch wären dazu regelmäßige und über lange Zeiträume ausgedehnte Beobachtungen der Gestirne und vor allem auch Aufzeichnungen notwendig gewesen, für die es bisher in unseren Breiten keine Anhaltspunkte gibt.

Immerhin mag man an Kultstätten, wie Stonehenge, Avebury, Carnac, Quenstedt und später auch Boitin, Sterne und vielleicht auch schon Sternbilder außer Sonne und Mond beobachtet haben. Dieser Aufwand für astronomische Beobachtungen ist aber für eine einzelne Sippe und Siedlung undenkbar, ein möglicher Effekt dieser Bemühungen nicht einsichtig.

Mit Sicherheit kann man sagen, daß die Trichterbecherleute ihre Geburtstage nicht gefeiert haben. Aber sie könnten durchaus auf die Beziehung zur nächsten Festzeit geachtet haben. Erst von den Sumerern sind im 2. Jahrtausend v. u. Z. astronomische Beobachtungen aufgezeichnet worden. Es ist auch inschriftlich belegt, daß sie den jeweiligen Sternkonstellationen Bedeutung für das Geschick des Menschen beigelegt haben.

Die meisten Megalithbauten sind bisher in Irland und in Schottland vermessen worden. Die Deklinationsdiagramme von A. Thom scheinen tatsächlich für Kulminationsbeobachtungen von Sonne und Mond sowie für ein einheitliches Maß zu sprechen, denn 60 Prozent der Anlagen der Megalithkulturen fand A. Thom auf den Höchststand der Sonne (Mittsommer) ausgerichtet, was einer heutigen Süd-Nord-Richtung entspricht. Dabei ist zu bedenken, daß „Norden" damals keine in der Natur zu beobachtende oder sonst irgendwie für den Menschen bedeutsame Himmelsrichtung war. „Norden" ist eine Festsetzung aus jüngerer Zeit. Mit 20 Prozent folgen dann Anlagen mit einer Ausrichtung der Hauptachse auf den Sonnenaufgangspunkt zur Zeit der Wintersonnenwende (heute Südost-Nordwest-Ausrichtung), mit weiteren 10 Prozent Visierlinien zum Sonnenaufgangspunkt zur Zeit der Sommersonnenwende (Nordost-Südwest). Der Rest der Anlagen verteilt sich auf unterschiedliche Richtungen, wobei man dem Frühlingspunkt zur Zeit der Tagundnachtgleiche (Ost-West-Richtung) noch einen gewissen Vorrang gegeben zu haben scheint.

Für Mecklenburg kommt E. Schuldt nach Untersuchung von 99 Dolmen zu ähnlichen Ergebnissen: 46 waren auf den Sonnenhöchststand (Mittsommer), 26 auf den Frühlingspunkt, 14 auf den Sonnenaufgang zur Sommersonnenwende und 13 auf den Sonnenaufgang zur Wintersonnenwende ausgerichtet.

In den Buchenwäldern von Boitin bei Sternberg in Mecklenburg finden sich drei guterhaltene Steinkreise, deren Achsen zweifellos einmal auf bestimmte Punkte der Sonnenlaufbahn ausgerichtet waren. Aber die Schwierigkeit eines eindeutigen Nachweises der astronomischen Bedeutung liegt neben dem Fehlen einer einwandfreien Datierung darin, daß zahlreiche Steine umgeworfen und verschleppt worden sind. In unserem Jahrhundert wurden die Steine zwar wieder aufgerichtet und ergänzt, aber Bodenuntersuchungen oder Skizzen über den ursprünglichen Standort lagen nicht vor.

Mehrfach begegnet man der Tatsache, daß die Achse eines Dolmens oder eines Steinkreises heute weder auf einen bemerkenswerten Punkt am Horizont weist noch auch nur auf 2 oder 3 Wochen genau mit irgendeinem wichtigen Datum des Mond- oder Sonnenjahres in Zusammenhang gebracht werden kann. Wir wissen nicht, ob und wie aus dem Inneren solcher Dolmen Beobachtungen anzustellen wären. Wahrscheinlich stand ihre Richtung in irgendeinem Zusammenhang mit den religiösen Kulten der Erbauer. Wenn man in einer Region auf mehrere Megalithbauten mit derselben Ausrichtung stößt, wird die Wahrscheinlichkeit groß, daß diese Richtung beabsichtigt war. Aber aus welchem Grund? Wir wissen es nicht, können uns nur im Hinblick auf den Aufwand denken, daß die Erbauer zweifellos irgendeine Absicht verfolgten, auch wenn wir uns einen bestimmten Gebrauchswert kaum vorstellen können.

Bei der zeichnerischen Darstellung und Auswertung der Achsen und Winkelmaße scheint eine wichtige Einzelheit bisher noch nicht genügend berücksichtigt worden zu sein, woraus sich dann auch „Abweichungen" und „Ungenauigkeiten" um mehrere Grade erklären: Damit ein Großsteingrab sich auch auf dem Reißbrett genau nach dem Sonnenaufgang zur Sonnenwende oder zur Tagundnachtgleiche ausgerichtet erweist, muß der Horizont sich auf der gleichen oder annähernd gleichen Höhe befinden wie der Dolmen selbst. Das trifft aber dort nicht zu, wo, wie auf Rügen, die Megalithbauten auf Geländekuppen errichtet wurden und die Ostsee die Horizontlinie bestimmt. Jeder kann sich davon selbst überzeugen. So werden manche Meßergebnisse überprüft werden müssen. Tatsächlich wird man unter diesem Gesichtspunkt von Fall zu Fall praktisch beobachten müssen, wo unter den gegebenen Horizontverhältnissen, sofern sie überhaupt mit den damaligen Silhouetten übereinstimmen, nun wirklich die Sonnenscheibe zur Sonnenwende im Sommer oder Winter beobachtet werden konnte.

Noch im vorigen Jahrhundert gab es allein im Raum von Schwerin mehr als 30 Steinkreise mit einem Durchmesser von 7 bis 16 m. Sie sind fast alle verschollen oder nur noch in spärlichen Resten ohne jeden Aussagewert vorhanden.

Vom Doppelkreis bei Klopzow in der Nähe von Neubrandenburg haben wir wenigstens aus dem Jahre 1864 eine genaue Zeichnung. Auf dem Plan dieses „heidnischen Opferplatzes" ist die Himmelsrichtung angegeben. Daraus ergibt sich, daß die Hauptachse des Doppelkreises mit einer Deklination von nahezu genau -24 Grad ehemals auf den Aufgang der Sonne zur Zeit der Wintersonnenwende zielte. Der Steinkreis von Spornitz im Kreis Schwerin war nach einem alten Plan auf den Frühlingspunkt zur Tagundnachtgleiche orientiert. Möglicherweise sind aber diese Anlagen in Klopzow, Boitin und Spornitz erst in späterer Zeit errichtet worden.

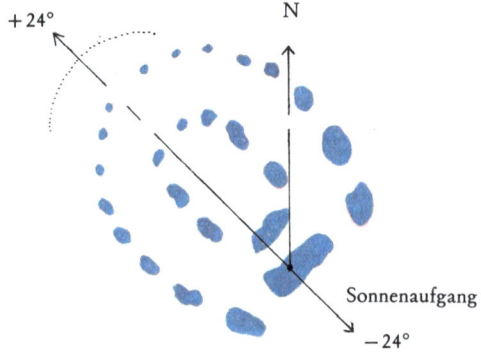

„Steintanz" von Klopzow, Kreis Neustrelitz, mit Ausrichtung auf den Aufgangspunkt der Sonne zur Wintersonnenwende (21. Dezember). Kurz vor der Zerstörung der Steinkreise 1864 wurde diese Skizze angefertigt.

Die elliptischen und kreisförmigen Anlagen der Steinkreise werden gelegentlich auch als „Steintänze" bezeichnet. Sie scheinen nicht nur nach dem Augenmaß, sondern auch unter Verwendung geometrischer Kenntnisse, rechtwinkliger Dreiecke und vielleicht auch eines einheitlichen „Steinzeitmaßes" von 83 cm konstruiert worden zu sein. Zwar genügen zur Konstruktion einer Ellipse schon zwei Holzpflöcke und eine Schnur. Aber es ist nicht anzunehmen, daß man für die großen Kultstätten tonnenschwere Steine oft mühsam heranschleppte, um sie dann ohne Plan und Maß aufzustellen.

Insofern scheinen die Vermessungsergebnisse von A. Thom durchaus erwägenswert, daß es um 2300 v. u. Z. im gesamten megalithischen Kulturkreis Westeuropas ein einheitliches Maß gegeben hat. Das „Megalithische Yard" fand A. Thom bei der Vermessung von 145 Steinkreisen mit einer Differenz von 1 Prozent in einer Größenordnung von 0,829 m (2,72 engl. Fuß) bestätigt.

Dieses steinzeitliche Schrittmaß scheint im westeuropäischen Raum bis zur Iberischen Halbinsel in Gebrauch gewesen zu sein und sich in Spanien bis in historische Zeit erhalten zu haben. Es ist tatsächlich auffallend, daß die spanische Vara mit 0,836 m noch zur Entdeckerzeit gültig war und von den spanisch beeinflußten Ländern Amerikas übernommen wurde. So legte man die Vara für Mexiko auf 0,838 m, für Texas auf 0,847 m und für Peru auf 0,839 m fest.

Diese Tatsachen lenken nun zwangsläufig die Gedanken auf die Frage, ob nicht auch im übrigen Europa das gleiche Grundmaß — jedenfalls für größere Anlagen — in Gebrauch

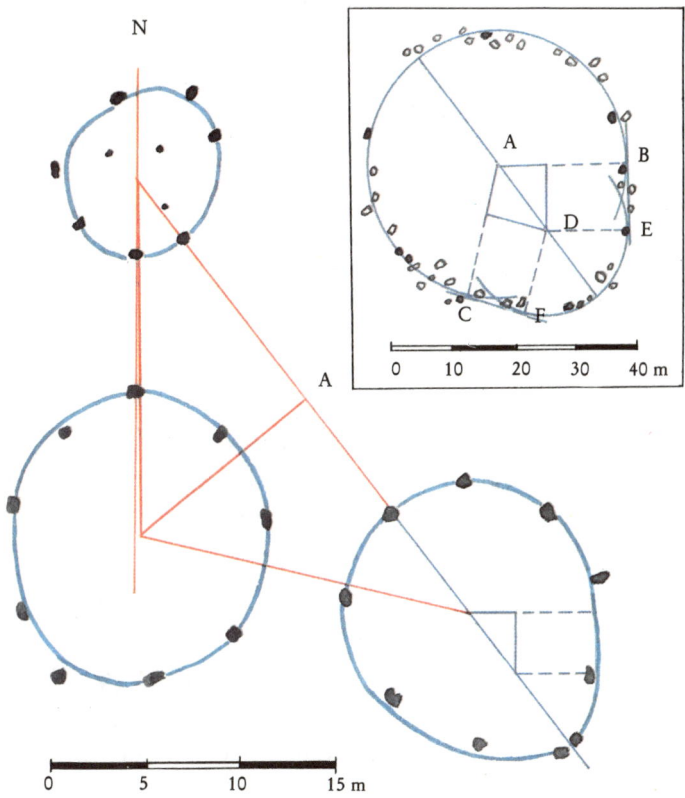

Die Steinkreise von Boitin bei Sternberg in Mecklenburg. In der Nebenzeichnung (oben rechts) die schottische Steinsetzung Borrowston Rig, für die der Engländer A. Thom neuerdings ebenso wie für 40 weitere ähnliche Anlagen versucht hat, den Konstruktionsmöglichkeiten des eiförmigen Grundrisses nachzugehen. Auch hier fanden sich wieder Hinweise auf eine astronomische Ausrichtung, nämlich markante Positionen der Sonnenbahn.
Die Datierung der Anlage von Boitin ist umstritten. Doch kann ein eisenzeitlicher Urnenfund aus einer Nachbestattung stammen und jedenfalls keine Grundlage für eine Zeitbestimmung abgeben.

war. Die uns heute naheliegende Frage nach dem praktischen Nutzen der Verwendung eines derartigen einheitlichen Grundmaßes schon in der Steinzeit darf man wohl nicht stellen. Mannshöhe, um sich den Kopf nicht an Türbalken zu stoßen, Schrittlänge, Spanne und Elle sind dem Menschen vertraute natürliche Maße, nicht aber abstrakte Größenordnungen.

Aber ist das megalithische Yard wirklich eine abstrakte Größe? Ist es nicht vielmehr die gewöhnliche Schrittlänge eines Erwachsenen? Es ist durchaus möglich, daß ein megalithisches Yard als einheitliches Grundmaß damals gar nicht existierte. Die Meßergebnisse würden eben nur die Tatsache widerspiegeln, daß man die Bauplätze für Großsteinbauten, Hausgrundrisse und kultische Steinkreise „abschritt", also den Grundriß nach Schrittmaß (0,83 m) absteckte.

Ursprünglich sind die Längenmaße sicherlich vom Menschen, dem „Maß aller Dinge", genommen worden. Daher trugen sie die Namen seiner Gliedmaßen, wie Fuß, Elle und Handbreit, und waren nicht aufeinander abgestimmt. Viele antike Maße lassen sich auf diese Einteilung zurückführen. Spätestens beim Bau von Häusern mit Trockenziegeln ergab sich die Notwendigkeit, so etwas wie ein Urmaß zu benutzen; denn es ist technisch schwierig, wenn nicht sogar unmöglich, größere Bauwerke aus Formziegeln zu errichten und instand zu halten, wenn sich die Ziegel in Länge und Stärke wesentlich unterscheiden. Aber welche Notwendigkeit zur Verwendung eines einheitlichen Maßes bestand bei der Errichtung der Megalithbauten?

Viele Hinweise machen es wahrscheinlich, daß auch auf Helgoland oder in der näheren östlichen Umgebung eine zentrale vorgeschichtliche Kultstätte gelegen hat. Aber nur in Südengland und in der Bretagne sind größere kultische Anlagen mit kreisförmigen Konfigurationen aus Steinblöcken noch so gut erhalten, daß wissenschaftliche Untersuchungen sinnvoll sind. In diesen Gebieten und in Irland liegen auch die meisten der etwa 200 Großsteingräber Westeuropas, die im Gegensatz zu den anderen etwa 15 000 noch erhaltenen, schmucklosen Megalithbauten mit bemerkenswerten Wand-

„Trojaburgen" auf nordeuropäischen Felszeichnungen. Diese auch als Schmuck und auf Münzen verarbeitete Symbolform, auf die man zuerst in Troja aufmerksam wurde, läßt die Umrisse eines frühgeschichtlichen Heiligtums anklingen.

verzierungen, Ornamenten und Felszeichnungen versehen sind.

Besonders die Steinmonumente von Stonehenge stehen immer wieder im Mittelpunkt des Interesses, wenn es um die Erörterung der Möglichkeiten astronomischer Beobachtungen in der Stein- und Bronzezeit geht. Weniger bekannt ist dagegen, daß es auch ringförmige Sonnenheiligtümer aus Holz (Woodhenge) und Kultanlagen in einer Kombination von Holz und Stein (Sanctuary) gegeben hat, deren Fundorte aber lange Zeit nur auf England beschränkt waren.

Die Verwendung des Grundrisses dieser mehrgliedrigen, von zwei bis drei Gräben und drei bis vier Palisadenwällen umgebenen Anlagen als Schmuckmotiv bei Felszeichnungen und Anhängern aus Edelmetall ist als „Trojaburg" bekannt und war in vorgeschichtlicher Zeit über ganz Europa verbreitet. H. Schliemann wurde bei den Grabungen in Troja zuerst auf diese Anhänger aufmerksam. Er deutete sie als Symbolisierung der von mehreren Mauern und Wällen umgebenen Festung Troja, bis sich dieser Schmuck dann doch als Import aus Mittel- und Nordeuropa herausstellte.

Könnte es nicht auch auf dem europäischen Festland derartige steinzeitliche Kultstätten gegeben haben?

Aus Bayern war der Fund eines kombinierten Doppelwall-Grabensystems bei Kothingeichendorf, Kreis Landau/Isar, seit längerer Zeit bekannt, ließ sich aber nirgends recht einordnen. Vier in den Haupthimmelsrichtungen kreuzweise angeordnete Durchgänge schlossen eine Deutung als Viehkraal oder Befestigung aus. Der Durchmesser des äußeren Palisadenrings betrug 80 m. Wenn diese Anlage auch auf dem Festland zunächst keine Parallelen zu haben schien, so blieb doch nur eine Deutung als Sonnenheiligtum übrig, zumal sich auch eine Gleichzeitigkeit mit Stonehenge vermuten ließ.

Jetzt haben zwei weitere aufsehenerregende Funde die Situation wesentlich erhellt. In Têŝetice in Nordmähren wurde ein kombiniertes Graben-Palisaden-System in kreisförmiger Anordnung gefunden. Der 60 m messende Außenring hat ebenfalls nach den Haupthimmelsrichtungen, also nach der Sonne, ausgerichtete, kreuzweise angelegte Durchgänge. Weitere Funde ermöglichen eine Datierung in eine Phase der Jungsteinzeit, die der Megalithkultur im Norden entspricht.

Jetzt sind in rascher Folge weitere ringförmige Kultanlagen der ausgehenden Steinzeit bekannt geworden, so daß man heute schon eintorige Ringpalisadensysteme in Westeuropa, viertorige Anlagen in Mittel- und Südeuropa und nun auch dreitorige Ringsysteme unterscheidet.

Hierher gehört die Schalkenburg bei Quenstedt am Rande des Ostharzes. Nachdem dort über 15 Jahre hinweg in Sommerkampagnen ausgegraben worden ist, lassen sich mittlerweile acht verschiedene Kulturschichten nachweisen, die alle durch entsprechendes Fundgut vertreten sind. Zwei Besiedlungs- und Befestigungsphasen wechseln mit mehreren unterschiedlichen Gräberfeldern auf der Bergkuppe.

Im Sommer 1980 konnten die Archäologen des Landesmuseums für Vorgeschichte in Halle einen für Datierung und Deutung der Anlage wichtigen Fund mitteilen: Eine Opfergrube mit einem Alter von 4200 Jahren wurde entdeckt. „Diese Grube, in deren Mittelpunkt sich ein durchbohrter, 25 cm x 30 cm großer Stein befindet, wurde von Menschen der regional typischen Bernburger Gruppe in der Jungsteinzeit angelegt. Um diesen Opferstein sind vier große und zwei kleine Gefäße angeordnet.

Es wird angenommen, daß an der Opfergrube von den Menschen Trankopfer dargebracht wurden. Diese sind in engem Zusammenhang mit dem Sonnenkult, dem Wunsch nach

Rekonstruktion des neolithischen Palisadensystems von Quenstedt am Rande des Ostharzes (nach E. Schröter 1982)

einer reichen Ernte und gesundem Tierbestand zu sehen. Die erdverbundene Fruchtbarkeitsreligion gilt als typisch für die Jungsteinzeit. Die Erforschung der Fundstelle wird fortgesetzt."

Soweit die Pressenotiz über den Fund des durchlochten Altarsteins der Bernburger Gruppe der Trichterbecherleute. Sie weist auf die „Heiligkeit des Ortes", auf lange Zeit lebendiger Kulttraditionen an diesem Platz hin. So ist es wohl kein Zufall, daß gerade diese Bergkuppe dann auch immer wieder als Begräbnisplatz benutzt wurde.

Als man dann weitergrub und auf den ältesten Siedlungshorizont der Anlage stieß, gelang ein weiterer aufsehenerregender, uns hier besonders interessierender Fund. Die unterste Fundschicht, die in die frühe Jungsteinzeit zu datieren ist, wurde durch ein fünffach gegliedertes Ringpalisadensystem repräsentiert. Wie bei einer „Trojaburg" umschließen mehrere Palisadenringe von etwa 90 m Außendurchmesser einen freien Innenraum. Drei nicht nach den Haupthimmelsrichtungen orientierte Durchgänge sind zum Teil mit starken Eckpfosten markiert. Die Fundumstände machen deutlich, daß die Anlage schon vor der Bernburger Kultur errichtet worden ist, denn das Palisadenheiligtum liegt unter der Opfergrube der Trichterbecherleute. Als sie angelegt wurde, war von den hölzernen Palisadenovalen wahrscheinlich nicht mehr viel zu sehen. Aber kultische Traditionen haften auch noch in späteren Zeiten zäh an einmal dafür in vorangegangenen Epochen ausgewählten Orten.

Zur Zeit gehen Überlegungen der Archäologen H. Behrens und E. Schröter zusammen mit denen von Astronomen dahin, die eigenartige Richtung der Tordurchgänge mit entsprechenden jährlichen Durchlaufzeiten von Sonne und Mond in Verbindung zu bringen. Zunächst denkt man an Sommer- und Wintersonnenwende, bezogen auf das 3. Jahrtausend v. u. Z. Es gibt also über die mecklenburgischen und die von A. Thom in England erforschten Steinkreise hinaus Anzeichen dafür, daß es auch im mitteleuropäischen Raum seit der Jungsteinzeit „Henge-Anlagen", Sonnenheiligtümer, gegeben hat.

Streitaxt. Nach diesen formschönen, sauber gearbeiteten Streitäxten aus poliertem Stein erhielten die nach Nord- und Mitteleuropa eindringenden „Streitaxtleute" ihren Namen.

Vielleicht fällt von diesen Funden auch Licht auf die Deutung der Steinkreise von Boitin bei Sternberg, von Netzeband bei Wolgast und ähnlicher Anlagen, die ebenfalls eine astronomische Ausrichtung aufzuweisen scheinen.

Der Einfall beweglicher und kampfgewohnter Reiter- und Hirtenvölker aus den weiten südosteuropäischen Ebenen führte zum Ende der nordischen Megalithkultur. Die Hauptwaffe der Eindringlinge waren Streitäxte, die mehr oder weniger an Bootsformen erinnern. Zahlreiche Schädelverletzungen bei den späten Bestattungen in den Ganggräbern sowie Pfeil- und Lanzenspitzen, die man noch in den Skeletten steckend fand, weisen auf harte Kämpfe hin.

Die Streitaxtleute kannten keine Gemeinschaftsbestattungen. Sie setzten ihre Toten einzeln in Erdgräbern bei und gaben ihnen hohe, geschwungene Tonbecher mit Schnureindrücken, jeweils eine Streitaxt, große, flache Bernsteinscheiben und den Frauen lange Perlenketten mit.

Besonders in Südschweden, Jütland, Schleswig-Holstein und an den anderen Küsten der Ostsee war ihr Einfluß sehr stark. Einzelne Gruppen zogen weiter nach Süden, die Oder aufwärts, wo sie besonders bei Prenzlau zahlreiche Spuren hinterließen. Die Funde weisen auf eine halbnomadische Lebensweise hin, denn es wurden zahlreiche Haustiere, vor allem Schweine, gehalten, was nicht zum Bild eines reinen Hirtenvolkes paßt.

Zur gleichen Zeit wanderten aus dem Thüringer Raum Gruppen der „Einzelgrabkultur" in mehreren Wellen nach Norden. Sie siedelten sich in den Gebieten an, die von den Trichterbecherleuten nicht bewohnt waren.

Der Einbruch der Streitaxt- und Einzelgrabstämme überwältigte die alte Kultur und Geisteshaltung der Großsteingräberzeit. Aber alle beteiligten Gruppen, die seßhaften wie die eingewanderten, wurden in diesem Geschehen gewandelt. Die Eindringlinge brachten neue Gottheiten mit, deren Verehrung mehr auf die Belange des Alltags und der Lebenden ausgerichtet war. Bestattungen in kleinen Steinkisten anstatt in Großsteingräbern, zugleich aber eine bemerkenswerte Zunahme der großen Erdhügel über Baumsärgen mit kostbaren

Beigaben bis in die Bronzezeit hinein lassen das Fortwirken der überlieferten Totenverehrung erkennen.

Schon bald kommen die Länder im Norden wieder zur Ruhe. Nach kurzer Zeit verschmelzen die Nachfahren der Trichterbecherleute, die Streitaxtleute und die Stämme der Einzelgrabkultur zu einer kulturell geschlossenen, seßhaften Bevölkerung. Aus ihr bildete sich dann in einem gewaltigen Wachstumsprozeß der Kulturkreis der nordeuropäischen Bronzezeit heraus.

Fremd und abweisend lag bisher das Hünengrab an unserem Weg. In seiner stummen Größe paßte es in die Landschaft. Aber außer seiner bloßen Existenz hatte den Dolmen nichts mit dem Jetzt, mit dem Heute, verbunden. Es war eine rätselhafte Spur aus grauer Vorzeit, zu der uns eine innere Beziehung, ein Schlüssel zum Verständnis fehlte.

Doch nun fangen die Steine an zu sprechen. Einige Streifzüge durch das Gewirr der aufgetürmten Hünengräber und Bannkreise haben unseren Blick aufmerken lassen. Die Vorzeit erscheint in einem neuen Licht; denn wir begegneten gewaltigen technischen Leistungen und bewunderungswürdigen astronomischen Kenntnissen. Die Monumente sprechen von der denkenden Beschäftigung des Menschen der Steinzeit mit den ewigen Aufgaben des Lebens, mit Liebe, Hoffnung, Freude, Angst und Tod, die von jeher alle Naturvölker in ihren Bann gezogen haben.

Bringen die nächsten 30 Jahre einen ebenso großen Fortschritt ur- und frühgeschichtlicher Forschung und archäologischer Methoden und Funde wie die hinter uns liegenden drei Jahrzehnte, dann wird sich aus weiteren Einzelfunden und Erkenntnissen ein noch lebendigeres, farbenfroheres Mosaik des Menschen der Steinzeit entfalten.

Festplatz am Dolmen

Zeittafel I

Jahre v. u. Z.	Kulturstufen	Kulturen	Wichtige Fundorte	Denkmäler, Funde
16 000	Späte Altsteinzeit (Spätpaläolithikum)	Eiszeitmenschen (Cro-Magnon?) Rentierjäger	Schulau/Elbe	
15 000				
14 000			Crivitz, Krs. Sternberg	Doppelwandige Zelte $^{14}C = 14\,300$ v. u. Z. Hüttengrundrisse
13 000			Deimern bei Soltau	
12 000		Hamburger Kultur	Borneck Poggenwisch Hasewisch	
11 000		Federmessergruppen	Rissen Wehlen Scharzfeld	Beginn der Seßhaftigkeit im Nahen Osten
10 000		Ahrensburger Kultur	Ahrensburg Meiendorf Stellmoor Alleröd Bromme Lyngby	Rengeweihhacke Dämelow Opferteiche
9 000				Stielspitzen in Mecklenburg

Jahre v. u. Z.	Kulturstufen	Kulturen	Wichtige Fundorte	Denkmäler, Funde
8 000			Klosterlund Pinnberg Duvensee	
7 000		Kjökkenmöddinger	Hohen Viecheln	
6 000	Mittelsteinzeit (Mesolithikum)		Himmerland Roskilde Maglemose	Muschelhaufen Spitzbodiger Urtopf Tranlampe
		?		Kernbeil Scheibenbeil
5 000		Lietzowkultur	Ertebölle Ellerbeck Lietzow/Rügen Buddelin	^{14}C = 3 865 v. u. Z. ^{14}C = 3 505 v. u. Z.
4 000		Frühe Trichterbecherleute	Barkaer	Viehzucht Brandrodung
3 000	Jungsteinzeit (Neolithikum)	Trichterbecherkultur	Gristow	Ackerbau Trichterbecher Urdolmen unter Hügeln Großsteingräber
2 000		Einzelgrabkultur	nur in Mecklenburg: Sandsteinquartiere in Großsteingräbern	Kugelamphoren Einzelgräber
1 000	Bronzezeit	Streitaxtleute Bronzeverarbeitung		Schnurkeramik Glockenbecher (2300—1800)

Zeittafel II

Klima	Phasen der Nordsee	Phasen der Ostsee	Vegetation	Tierwelt	Haustiere Nutzpflanzen	Jahre v. u. Z.
arktisch (ält. Dryas) kalt – trocken	Südliche Nordsee landfest	eisbedeckt	baumlose Tundra Zwergbirke Polarweide Birke	Wasservögel Schneehuhn Kranich Ren	Isländisches Moos Moosbeere	16 000 15 000 14 000
subarktisch (Böllingphase) schwache Erwärmung			Parktundra	Ren		13 000
arktisch			baumlose Tundra	Ren		12 000
subarktisch		Baltische Eissee (Süßwasser)	Birke Weide Pappel	Elch Riesenhirsch Bär		11 000 10 000
gemäßigt (Erwärmung)			Wacholder Hasel Kiefer	Wildpferd Wolf		9 000
kühl				Reh		

Klima	Phasen der Vegetation		Vegetation	Tierwelt	Haustiere Nutzpflanzen	Jahre v. u. Z.
	Nordsee	Ostsee				
trocken (Kälterückschlag)		Yoldiameer	Wald: Birke Kiefer Hasel	Biber Wisent Auerochse Hase		8 000
wärmer trockner (Boreal)	Überflutung der Doggerbank	Ancylusmeer		Wildkatze Sumpfschildkröte Otter	Hund	7 000
						6 000
		Überflutung der westlichen Ostsee	Erle			5 000
feuchtwarm (Atlantikum)	Senkung des Festlandes (Flandrische Transgression)	Litorinameer	Eichenmischwald Kiefer	Rothirsch Wildschwein	Gerste Weizen Schwein Rind Schaf Ziege	4 000
						3 000
trocken — warm		Erreichen des heutigen Wasserstandes	Buche		Hirse Hafer Pferd	2 000
Klimaverschlechterung	Geringer Rückzug des Meeres					1 000

Vergleichende Zeittabelle

Bretagne	England	Nördliches Mitteleuropa	Dänemark	Jahre v. u. Zeit
		Gebrauch von Pfeil und Bogen	Alleröd (Geweihäxte) Lyngbykultur	9 000
				8 500
	Mittelsteinzeit	Mittelsteinzeit	Mittelsteinzeit	8 000
				7 500
		Hohen Viecheln Fosna-Kultur (Norwegen) 6 100—5 600 v. u. Z. nach alter ^{14}C-Datierung	Kjökkenmöddinger ? Maglemose	7 000 6 500 6 000
Mittelsteinzeit				5 500
ält. Steinmonumente (4 800) Jungsteinzeit Megalithkultur			Lietzowkultur	5 000 4 500

Bretagne	England	Nördliches Mitteleuropa	Dänemark	Jahre v. u. Zeit
	Jungsteinzeit	*Jungsteinzeit*	*Jungsteinzeit*	4000
Gang- und Kuppelgräber	(Ackerbau und Viehzucht)	Trichterbecher Steinkisten	Trichterbecher	
	Orkneyinseln: *Megalithkultur*	unter Erdhügeln	Erdgräber	3500
Menhire		*Megalithkultur* Großsteingräber	*Megalithkultur*	
	Stonehenge I (um 2800) Windmill Hill	Ganggräber Steinsetzungen	Rund- und Langdyssen	3000
	Skara Brae		Ganggräber Kupferimport	2500
		Streitaxtleute	Streitaxtleute	
	Stonehenge II	Einzelgräber	Einzelgräber	2000
runde und viereckige Steinsetzungen			Schnurkeramik	
	Bronzezeit	*Bronzezeit*	*Bronzezeit*	
Bronzezeit	Stonehenge III (Wessexkultur)			1500

Anm.: Gang- und Kuppelgräber:
  Finistère ^{14}C = 3 400 v. u. Z.
  Insel Carn ^{14}C = 3 390 v. u. Z.

Quellen
und weiterführende Literatur

Ahrens, C.: Vorgeschichte des Kreises Pinneberg und der Insel Helgoland. Neumünster 1966
Antal, J.: Bilder aus der Geschichte der europäischen Heilkunde und Pharmazie. Budapest 1981
Baumann, D./Mania, W.: Die altpaläolithischen Neufunde von Markkleeberg bei Leipzig. Berlin 1983
Behrens, H./Schröter, E.: Siedlung und Gräber der Trichterbecherkultur und Schnurkeramik bei Halle. Berlin 1980
Bibby, G.: Faustkeil und Bronzeschwert. Hamburg ²1972, zit. engl. Originalausgabe New York 1956
Bröndsted, J.: Nordische Vorzeit. Band 1–3, Neumünster 1964
Drößler, R.: Kunst der Eiszeit. Leipzig 1980
Feustel, R.: Technik der Steinzeit. Weimar ²1985
Geißler, E. (Hg.): Vom Gen zum Verhalten. Der Mensch als biopsychosoziale Einheit. Berlin 1987
Geupel, V.: Spätpaläolithikum und Mesolithikum im Südem der DDR. Bd. I 1985; Bd. II 1987 Berlin
Glob, P. V.: Vorzeitdenkmäler Dänemarks. Neumünster 1968
Gramsch, B.: Das Mesolithikum im Flachland zwischen Elbe und Oder. Berlin 1973
Gramsch, B.: Die Lietzow-Kultur Rügens und ihre Beziehung zur Ostseegeschichte. In: Petermanns Geographische Mitteilungen. 122. Jahrg., 2. 1978, Gotha 1978
Grünert, H.: Geschichte der Urgesellschaft. Berlin 1982
Herneck, F./Markuse, G., u. a.: Entwicklung und Bedeutung der Glazialtheorie. In: Schriftenreihe geol. Wiss., Berlin, Jahrg. 9 (1978), 9–20
Hinz, H.: Vorgeschichte des nordfriesischen Festlandes. Neumünster 1954
Indrelid, S.: Probleme relating to the Early Mesolithic Settlement of Southern Norway. In: Norw. Arch. Rev., Vol. 8 Nr. 1, Oslo 1975
Jankuhn, H.: Vor- und Frühgeschichte vom Neolithikum bis zur Völkerwanderung. Stuttgart 1969
Kahlke, H.-D.: Das Eiszeitalter. Leipzig ²1985
Kahlke, H.-D.: Ausgrabungen in aller Welt. Leipzig ²1974
Keiling, H.: Archäologische Funde vom Spätpaläolithikum bis zur vorrömischen Eisenzeit aus den mecklenburgischen Bezirken. (Museum für Ur- und Frühgeschichte Schwerin, Museumskatalog 1) Schwerin 1982
Kersten, K./Lae Baume, F.: Vorgeschichte der nordfriesischen Inseln. Neumünster 1958

Kliewe, H./ Janka, W.: Der holozäne Wasserspiegelanstieg der Ostsee im nordöstlichen Küstengebiet der DDR. In: Petermanns Geographische Mitteilungen. 126. Jahrg., 2. 1982, Gotha 1982
Koenigswald, v. W./Hahn, J.: Jagdtiere und Jäger der Eiszeit. Stuttgart 1984
Körner, G./Laux, F.: Ein Königreich an der Luhe. Lüneburg 1980
Leciejewicz, L.: Jäger, Sammler, Bauer, Handwerker. Frühe Geschichte der Lausitz bis zum 11. Jahrhundert. Bautzen 1982
Lehmann, A.: Aberglaube und Zauberei von den ältesten Zeiten bis in die Gegenwart. ³1925, Repr. Leiden 1969
Lengyel, I. A.: Palaeoserology. Budapest 1975
Liedtke, H.: Die nordische Vereisung in Mitteleuropa. Bonn-Bad Godesberg 1975
Lommel, A.: Die Welt der frühen Jäger. Medizinmänner, Schamanen, Künstler. München 1965
Lorenzen, W.: Helgoland und das früheste Kupfer des Nordens. Otterndorf 1965
Mania, D./Dietzel, A.: Begegnung mit dem Urmenschen. Die Funde von Bilzingsleben. Leipzig ³1981
Mania, D./ Behrens, H. u. a. (Hg.): Bilzingsleben I Halle 1980; Bilzingsleben II Halle 1983; Bilzingsleben III Halle 1986
Mania, D./Toepfer, V.: Königsaue. Gliederung, Ökologie und mittelpaläolithische Funde der letzten Eiszeit. Berlin 1973
Marcinek, J.: Die Erde im Eiszeitalter. Gotha 1977
Marcinek, J.: Droht eine nächste Kaltzeit? Leipzig 1982
Meyer, A.: Gavr' Inis. Bretonische Felsbilder. Stuttgart 1974
Mohrig, W.: Wie kam der Mensch zur Familie? Leipzig ²1986
Müller, R.: Der Himmel über dem Menschen der Steinzeit. Astronomie und Mathematik in den Bauten der Megalithkulturen. Berlin 1970
Nagel, E.: Die Erscheinungen der Kugelamphorenkultur im Norden der DDR. Berlin 1985
Nilius, I.: Das Neolithikum in Mecklenburg zur Zeit und unter besonderer Berücksichtigung der Trichterbecherkultur. Schwerin 1971
Ozols, J.: Vorgeschichtliche Tierdarstellungen und frühe Bildmagie. (Kölner Jahrbuch für Vor- und Frühgeschichte Bd. 11) Berlin-West 1970
Reden, v. S.: Die Megalith-Kulturen. Köln ²1979
Rust, A.: Die jungpaläolithischen Zeltanlagen von Ahrensburg. Neumünster 1958
Schlette, F.: Die ältesten Haus- und Siedlungsformen des Menschen. Berlin 1958
Schlette, F. (Hg.): Die Entwicklung des Menschen und der menschlichen Gesellschaft. Berlin 1980
Schmidt, H.: Zur Morphologie und Genese des Stolper Hakens bei Seehof/Rügen. In: Wiss. Zschr. d. Univ. Greifswald, Jahrg. XXVII (1978), mathem.-naturwi. Reihe, Heft 1–2/1978
Schuldt, E.: Hohen Viecheln. Ein mittelsteinzeitlicher Wohnplatz in Mecklenburg. Berlin 1961

Schuldt, E.: Die mecklenburgischen Megalithgräber. Berlin 1972
Schwabedissen, H.: Die mittlere Steinzeit im westlichen Norddeutschland. Neumünster 1944
Stenberger, M.: Vorgeschichte Schwedens. Berlin und Neumünster 1977
Suchanow, I. W.: Sitten – Bräuche – Traditionen. Berlin 1980
Taute, W.: Die Stielspitzen-Gruppen im nördlichen Mitteleuropa. Köln/ Graz 1968
Thom, A.: Megalithic Sites in Britain. Oxford 1967
Tromnau, G.: Die Fundplätze der Hamburger Kultur von Heber und Deimern, Kreis Soltau. Hildesheim 1975
Woldstedt, P.: Das Eiszeitalter. Grundlinien einer Geologie des Quartärs. Bd. 1 Die allgemeinen Erscheinungen des Eiszeitalters. Stuttgart ³1961; Bd. 2 Europa, Vorderasien und Nordafrika im Eiszeitalter. Stuttgart ²1958

Namen- und Sachwörterverzeichnis

Adrenalin 122 f.
Analogiezauber 122
Angel 74, 87 f.
Astronomie 125, 165, 167, 173, 177 f.
Asylrecht 130

Bandkeramiker 144
Bannkreis 129 f., 178
Behrens, H. 176
Bibby, G. 84, 119
Boot 74, 87 f.
Brandrodung 40, 93 f., 99, 103
Brøndsted, J. 9, 17
Bronze 15 ff., 128
Brot 104 ff.

Childe, G. 13, 119

Dendrochronologische Datierung 146 f.
Dietzel, A. 9, 28
Dörpfeld, W. 13
Drößler, R. 160

Einzelgrabkultur 139, 177 f.
Eisen 15 ff.
Eiszeithypothesen 23
Eiszeitmenschen 25, 33, 35, 51

Federmessergruppen 29 f., 36
Fest 120, 163 f.
Feuer 36, 43, 50, 53 ff., 149
Feustel, R. 10, 81 f.
Fosnakultur 31, 37

de Geer, G. 28
Geweihmasken 67 f.

Hawkes, C. 123
Hinz, H. 10
Hippokrates 159
Homer 15, 53, 120, 124
Holzgefäße 75
Hortfunde 160

Jagdzauber 70, 121, 153, 160 f.
Jankuhn, H. 10
Jenseitsglaube 119 f., 125

Kalender 164 f.
Kahlke, H. D. 23
Kersten, H. 42
Kindernahrung 76
Kjökkenmöddinger 41, 84 f.
Kleidung 71, 104, 119, 128
Körner, G. 125
Kommandostäbe 69
Kupfer 14, 17 f., 116, 128

Lampe 91
Laux, F. 10, 125
Lebensalter 51, 53
Lengyel, I. A. 125
Lommel, A. 157
Lorenzen, W. 17
Luther, M. 131

Magie 121, 152 f., 155, 159, 162 f.
Mania, D. 9, 2b
Marcinek, J. 23
Markuse, G. 23
Meyer, A. 115
Milch 53, 57, 76
Minoische Kultur 117, 119
Mohrig, W. 50, 69
Mond 163 ff., 167, 176

Muttergöttin 119, 123
Müller, R. 165

Nähnadeln 71
Neandertaler 39 f., 43 f., 46, 51
Nilius, I. 144
Nomaden 19, 53, 57, 98, 105, 177

Opfer(gaben) 66, 120 f., 127, 140, 144 f., 157 f., 162, 164
Opferteiche 48, 60, 64, 66

Pfeil 65, 68, 75, 83, 88, 177
Pflug 57 ff., 93 f., 99, 102, 110
Pollendiagramm 28, 44, 68, 76, 93
Prometheus 53
Pyramiden 116, 120, 125, 146

Radiokarbontest (C 14) 60, 73, 117, 145 ff.
Reden, S. v. 10
Reusen 74, 87
Ritual 120 f., 164
Röstkorn 100, 104 f.
Rust, A. 9, 60, 62, 65

Sauerteig 105
Schälchensteine 13, 157, 165
Schlette, F. 9, 98
Schliemann, H. 13, 173
Schlitten 91
Schmidt, Harry 32 ff.
Schneeschuhe 91
Schoknecht, U. 84
Schraube 128
Schröter, E. 175 f.
Schuldt, E. 9, 72, 78, 82, 134, 137, 139, 168
Schwabedissen, H. 81, 144
Shee, E. 118
Sozialordnung 48, 98, 102, 125, 143, 152, 162
Sprockhoff, E. 17
Steinkreis 10, 33, 106 f., 109, 115, 125, 130, 133, 140, 165, 168 ff., 176 f.

Steinzeitmaß 170 ff.
Streitaxtleute 139, 176 ff.
Suball, L. 23
Suchanow, I. 149

Tacitus 153
Temperaturabfall 20, 22, 64
Tertiärzeit 20
Thom, A. 165, 167, 170 f., 176
Toepfer, V. 26
Treibjagd 64, 122
Trepanation 141 f.
Trichterbecherleute 48, 95, 97 f., 100 ff., 106, 127, 129, 139, 143 f., 167, 175 ff.
Trogmühle 98, 104

Ullrich, H. 125
Urnen 131, 171
Urtopf 88

Versöhnungsopfer 157, 160 f.

Wanderbauern 92 ff., 97 ff., 101, 103, 127
Warven 28
Wasserspiegel 29 f., 33, 92
Wiedergänger 141 f.
Woldstedt, P. 23
Woodhenge 173

Zauberer 67, 152 f., 154
Zelt 46, 48, 60, 62 f., 66, 79
Zinn 17, 116 f.

Wichtige Fundstätten

Ahlhorner Heide (BRD) 4
Ahrensburg (BRD) 30f, 48, 60ff., 64, 66
Ahrenshoop (DDR) 42
Alleröd (Dänem.) 61
Aschersleben (DDR) 24f., 28
Asdal (Dänem.) 84
Augustenhof/Rg. (DDR) 181
Aurignac (Frankr.) 41
Avebury (GB) 167

Balve (BRD) 19
Barkaer (Dänem.) 97ff., 102, 143
Barnenez (Frankr.) 117
Baumannshöhle/Harz (DDR) 35
Bilzingsleben (DDR) 9, 11, 25, 37, 39, 44
Blidegn/Fünen (Dänem.) 152, 154
Boitin (DDR) 120, 167ff., 171, 177
Borneck (BRD) 48, 60, 62f., 66, 71
Borrowston Rig (GB) 171
Brandon (GB) 129
Buddelin/Rg. (DDR) 181
Bunsoh (BRD) 157
Burtevitz (DDR) 129f.

Carnac (Frankr.) 108, 114, 117, 167
Criwitz (DDR) 180
Cro-Magnon/Les Eyzies (Frankr.) 41, 49

Dämelow/Kr. Sternberg (DDR) 180
Dändorf (DDR) 84
Deimern/Soltau (BRD) 180
Djursland (Dänem.) 85
Dobberworth (DDR) 111
Duvensee (BRD) 88
Dwasieden (DDR) 130

Eldena (DDR) 78
Ellerbeck (BRD) 32, 84, 92, 102
Ertebölle (Dänem.) 84, 92
Esbjerg (Dänem.) 39

Friesack (DDR) 89

Gavr'Inis (Frankr.) 115
Garz (DDR) 61
Gristow (DDR) 144
Großenbrode (BRD) 136

Hasewisch (BRD) 60
Helgoland (BRD) 17f., 29, 42, 82, 172
Hermannshagen (DDR) 31, 42
Hiddensee (DDR) 32f.
Himmerland (Dänem.) 84
Hoerdum (Dänem.) 140
Hohen Viecheln (DDR) 9, 67, 72, 75f., 78ff., 80, 82ff., 87
Hollerup (Dänem.) 39
Hönnetal (BRD) 19

Isefjord (Dänem.) 39

Jersey (GB) 133

Kerloas (Frankr.) 110
Ketzin (DDR) 50
Klopzow (DDR) 169f.
Kothingeichendorf (BRD) 173

Lang-Mannersdorf (Österr.) 48
Lehringen (BRD) 37, 44f., 50
Letmathe (BRD) 19
Lietzow (DDR) 84, 92, 103
Limfjord (Dänem.) 84
Lyngby (Dänem.) 31, 80

Maes Howe/Orkney (GB) 111
Maglemose (Dänem.) 77 f., 82
Markkleeberg (DDR) 39
Meiendorf (BRD) 9, 31, 58, 60, 64, 66, 68, 77, 153
Morbihan (Frankr.) 115
Morsum/Sylt (BRD) 25 ff., 31, 38 f., 42
Mullerup (Dänem.) 82
Mukran (DDR) 33

Nadelitz (DDR) 124
Naestved (Dänem.) 65
Nemerow (DDR) 108
Netzeband (DDR) 177
Neustadt (BRD) 136
Neustrelitz (DDR) 82
New Grange (Irl.) 111
Nissumfjord (Dänem.) 39
Nonnensee (DDR) 61

Ostorfer See (DDR) 104

Peterborough (GB) 95
Perth/Schottland (GB) 95
Pinnberg (BRD) 31
Poggenwisch (BRD) 60, 63
Predmost (ČSSR) 46, 48

Quenstedt/Schalkenburg (DDR) 120, 167, 174
Quiberon (Frankr.) 115

Ralswiek (DDR) 94
Rissen (BRD) 29 f.
Rogaland (Norw.) 42
Rosenfelde (BRD) 136, 144
Roskilde (Dänem.) 84

Salzgitter-Lebenstedt (BRD) 37, 45 ff.
Scharzfeld/Südharz (BRD) 19, 30
Schmale Heide (DDR) 33
Schulau/Elbe (BRD) 42
Schwanbeck (DDR) 128
Schwinge (DDR) 139

Seest/Kolding (Dänem.) 39
Silbury Hill (GB) 111
Sitzenrode (DDR) 131
Skara Brae/Orkney (GB) 111
Spitzbergen (Norw.) 23
Spornitz (DDR) 169
Steinheim (BRD) 39
Stellmoor (BRD) 48, 50, 60, 64, 66 f., 77, 80, 164
Sternberg (DDR) 60, 168, 177
Stolper Haken/Rügen (DDR) 33
Stonehenge (GB) 110 f., 120, 136, 167, 173 f.
Süssau (BRD) 136, 144
Swanscombe (GB) 39

Taubach (DDR) 41, 49
Těšetice (ČSSR) 174

Uldal (Dänem.) 17

Viborg (Dänem.) 39
Viste (Norw.) 78

Walle (BRD) 99
Wehlen (BRD) 30
Weimar-Ehringsdorf (DDR) 41, 48, 80
Weisin (DDR) 17
Willendorf (Österr.) 48
Windmill Hill (GB) 95
Wustrow (DDR) 32, 70, 92